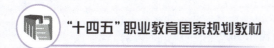
"十四五"职业教育国家规划教材

数 字 媒 体 技 术 应 用 专 业

数字影音编辑与合成
——Premiere Pro 2022

Shuzi Yingyin Bianji yu Hecheng
——Premiere Pro 2022

（第5版）

刘晓梅　主编

段　欣　主审

中国教育出版传媒集团

高等教育出版社·北京

内容简介

本书是"十四五"职业教育国家规划教材,依据教育部《职业教育专业简介(2022 年)》的相关要求和《中等职业学校数字媒体技术应用专业教学标准》,并参照相关行业规范,在第 4 版基础上修订而成。本书第 4 版被评为"首届全国教材建设奖全国优秀教材一等奖"。

本书采用案例教学法,以案例引领方式介绍与视频编辑技术相关的基本概念、术语、素材的准备与管理、编辑视频素材、运动效果、视频过渡、视频效果、字幕设计、音频应用和影片渲染与导出等内容;最后一个单元为综合应用,通过详细讲解典型案例的制作过程,将软件功能和实际应用紧密结合起来,培养读者掌握使用 Premiere 设计实际作品的技能。

本书所提供的实例与职业需求紧密结合,可为学生的就业打下良好的基础,建议采用案例教学的模式,边讲、边练、轻松学习,激发兴趣,培养动手能力。

本书配套教学课件、案例素材等辅教辅学资源,请登录高等教育出版社 Abook 新形态教材网(http://abook.hep.com.cn)获取相关资源。详细使用方法见本书最后一页"郑重声明"下方的"学习卡账号使用说明"。

本书可作为中等职业学校数字媒体技术应用专业及相关方向的教材,也可作为各类计算机音视频编辑培训教材,还可供计算机音视频编辑从业人员参考。

图书在版编目(CIP)数据

数字影音编辑与合成 : Premiere Pro 2022 / 刘晓梅主编. -- 5版. -- 北京 : 高等教育出版社,2023.8 (2025.3重印)
数字媒体技术应用专业
ISBN 978-7-04-060364-4

Ⅰ. ①数… Ⅱ. ①刘… Ⅲ. ①视频编辑软件-中等专业学校-教材 Ⅳ. ①TN94

中国国家版本馆CIP数据核字(2023)第065182号

策划编辑 郭福生　　　责任编辑 赵美琪　　　封面设计 张申申　　　版式设计 童 丹
责任绘图 李沛蓉　　　责任校对 张 然　　　责任印制 耿 轩

出版发行	高等教育出版社	网　址	http://www.hep.edu.cn
社　址	北京市西城区德外大街 4 号		http://www.hep.com.cn
邮政编码	100120	网上订购	http://www.hepmall.com.cn
印　刷	北京市联华印刷厂		http://www.hepmall.com
开　本	889 mm×1194 mm　1/16		http://www.hepmall.cn
印　张	13.75	版　次	2009 年 5 月第 1 版
字　数	280 千字		2023 年 8 月第 5 版
购书热线	010-58581118	印　次	2025 年 3 月第 5 次印刷
咨询电话	400-810-0598	定　价	35.00 元

本书如有缺页、倒页、脱页等质量问题,请到所购图书销售部门联系调换
版权所有　侵权必究
物 料 号　60364-00

本书是"十四五"职业教育国家规划教材，依据教育部《职业教育专业简介(2022 年)》的相关要求和《中等职业学校数字媒体技术应用专业教学标准》，并参照相关行业规范，在第 4 版基础上修订而成。本书第 4 版被评为"首届全国教材建设奖全国优秀教材一等奖"。

Premiere 是一款集视频采集、剪辑、视频过渡、视频效果、字幕设计、音频编辑和影片合成等功能于一体的专业级非线性视频编辑软件，广泛应用于电视栏目包装、影视片头制作、自媒体视频制作、影视特效合成、广告设计与制作、动画制作、微电影制作等领域，有较好的兼容性，也是数字媒体技术应用专业的核心课程。

党的二十大报告指出"必须坚持科技是第一生产力，人才是第一资源，创新是第一动力。"培养大国工匠的高技能人才势在必行。本书遵循"德技并修，将爱国精神、工匠精神融入职业教育中"的理念，依据专业教学标准的要求和初学者的认知规律，从实际应用角度出发，将"甘于奉献，敢于担当"的职业精神融入教学内容，按照"强素养，精技能"的人才培养规格需求，从实际应用角度出发，由浅入深、循序渐进地介绍了 Premiere 的使用方法和技巧。采用"案例教学法"，通过案例的引领让读者在实践过程中掌握 Premiere 编辑制作视频的方法和技巧，通过"案例描述""案例解析"等过程，先给读者一个应用 Premiere 进行实际操作的具体方法；然后系统地对该案例涉及的知识点进行全面解析，帮助读者进一步掌握并扩展基本知识，最后通过"思考与实训"，促进读者巩固所学知识并熟练操作。

全书共分 9 个单元，单元 1 介绍音视频编辑基本知识和 Premiere 的入门知识，初步了解影片制作的基本流程；单元 2 介绍视频编辑基本操作、Premiere 素材的采集、导入和管理、素材剪辑等内容；单元 3 介绍关键帧相关知识和运动效果的应用；单元 4 介绍视频过渡的应用；单元 5 介绍视频效果基本知识和常用的视频效果；单元 6 介绍字幕和图形设计的方法；单元 7 介绍音频编辑基本知识，以及音频效果和音频过渡的应用、声音的录制；单元 8 介绍影片渲染与导出的方法；单元 9 为综合应用，通过对典型案例的详细分析和制作过程讲解，将软件功能和实际应用紧密结合起来，全面掌握 Premiere 设计实际作品的技能。

本书教学应以操作训练为主，建议教学时数为 64 学时，其中上机不少于 50 学时，教学中的学时安排可参考下表。

单元	教学内容	学时
1	音视频编辑基础	4
2	Premiere 视频编辑入门	6
3	运动效果	4
4	视频过渡	9
5	视频效果	11
6	字幕和图形	6
7	音频应用	6
8	渲染与导出	2
9	综合应用	12
机动		4

本书配套教学课件、案例素材等辅教辅学资源，请登录高等教育出版社 Abook 新形态教材网(http://abook.hep.com.cn)获取相关资源。详细使用方法见本书最后一页"郑重声明"下方的"学习卡账号使用说明"。

本书由山东省宁阳县职业中等专业学校刘晓梅任主编，山东省教育科学研究院段欣主审，齐河职业中等专业学校赵淑娟、泰安市岱岳区职业中等专业学校王东军任副主编，多位职业学校教师参与案例测试、试教和编写修改工作。本书在编写过程中，得到了相关企业人员的指导和帮助，在此一并表示感谢。

编写过程中，编者尽力为读者提供更好、更完善的内容，但由于水平有限，书中难免存在一些疏漏和不足之处，恳请广大师生批评指正，以便我们修改和完善。读者意见反馈邮箱为 zz_dzyj@pub.hep.cn。

编　者

2023 年 3 月

目　录

单元 1　音视频编辑基础

人类接收的信息中大约有 80% 来自视觉。视频是一种表现具体、信息量丰富的媒体形式，我们可以使用摄像机、手机等设备拍摄视频，并通过电视、电影、互联网等媒介进行传播。视频编辑是对视频素材的处理和安排，包括剪切片段（修剪）、重新排序剪辑，以及添加过渡和其他特殊效果，用于构建和呈现所有视频信息。

本单元主要介绍视频编辑的基础知识、Premiere Pro 2022 工作界面和视频编辑流程，让读者对使用 Premiere 进行影视编辑的工作流程有初步的了解。

1.1　音视频编辑概述

1. 音频格式基础

数字音频是用来表示声音强弱的数据序列，由模拟声音经采样、量化和编码后得到，它是随着数字信号处理技术、计算机技术、多媒体技术的发展而形成的一种全新的声音处理手段。数字音频的主要应用领域是音乐后期制作和录音。

计算机中的数据以 0、1 的形式存储，数字音频就是将声音转换成电平信号，再将这些电平信号转换成二进制数据保存；播放的时候把这些数据转换为模拟电平信号送到播放设备播出。就存储与播放方式而言，数字音频与磁带、广播、电视中的音频有着本质区别。二者对比，数字音频具有存储方便、存储成本低廉、存储和传输的过程中没有声音的失真、编辑和处理方便等特点。

以下是几个关于数字音频的基本概念。

（1）采样率

采样率也称为采样频率或采样速度，表示每秒从连续信号中提取并组成离散信号的采样个数，单位为赫兹（Hz）。例如，采样率为 44 kHz 的声音表示需要 44 000 个数据来描述 1 s 的声音波形。原则上，采样率越高，声音的质量越好。

当前计算机声卡的采样频率一般为 11 kHz、22 kHz、44.1 kHz 和 48 kHz。11 kHz 的采样率获得的声音称为电话音质，基本上能分辨出通话人的声音；22 kHz 称为广播音质；44.1 kHz 称为 CD 音质。采样率越高，获得的声音文件质量越好，占用的存储空间也就越大。

（2）压缩率

压缩率是指音乐文件压缩前和压缩后大小的比值，用来简单描述数字声音的压缩效率。

（3）比特率

比特率是音乐压缩效率的另一个参考指标,表示记录音频数据每秒所需要的平均比特值(比特是计算机中最小的数据存储单位,指 0 或 1 的数量),通常使用 Kbps(每秒 1 024 比特)作为单位。CD 中的数字音乐比特率为 1411.2 Kbps(也就是记录 1 秒的 CD 音乐,需要 1 411.2×1 024 比特的数据),近乎 CD 音质的 MP3 数字音乐需要的比特率为 112~128 Kbps。

（4）量化级

简单地说,量化级就是描述声音波形数据是多少位的二进制数据,通常以 b(位)为单位,如 16 b、24 b。16 b 量化级记录声音的数据是用 16 位的二进制数,因此,量化级也是数字声音质量的重要指标。例如,标准 CD 音乐的质量为 16 b、44.1 KHz 采样率。

2. 视频格式基础

数字视频即以数字信号形式记录的视频,它是和模拟视频相对应的概念。数字视频有不同的产生方式、存储方式和播放方式。通过数字摄像机直接产生数字视频信号,存储在存储卡、光盘或者磁盘中,从而得到不同格式的数字视频,并通过不同的数字设备进行传输和播放。

（1）像素

像素(pixel)是组成图像最小单位,表示"图像元素"之意,无论是电影、电视,还是图片和数字视频,所显示的图像都是像素的集合,像素依照某种算法组合显示,构成一幅图像。每个像素都有明暗和色彩信息,单位面积内的像素越多代表分辨率越高,显示的亮度和色彩信息就越多,所显示的图像就越清晰。

（2）像素比与帧纵横比

像素比是指像素的宽度与高度之比,而帧纵横比则是指图像中一帧的宽度与高度之比。如某些 D1/DV NTSC 制式图像的帧纵横比是 4:3,但使用方形像素(1.0 像素比)时画面尺寸是 640×480 像素,使用矩形像素(0.9 像素比)时画面尺寸是 720×480 像素。

（3）分辨率

分辨率是用于度量图像内数据量多少的一个参数,通常表示成 ppi(pixel per inch,即每英寸像素)。视频的分辨率是指视频在一定区域内包含的像素点数量,如图 1-1 所示。图中"P"意为逐行扫描,几 P 则表示纵向有多少行像素,720 P 表示纵向有 720 行像素,1 080 P 表示纵向有 1 080 行像素。随着分辨率越来越大,用"K"表示横向排列的像素数量,标准的 2 K 指视频横向大约有 2 560 列像素,标准的 4 K 指视频横向大约有 4 000 列像素。

图 1-1 分辨率

分辨率并不代表视频画质,并不是越高越好,视频画质由很多因素决定。分辨率越高只能说视频后期所占用的空间越大,但分辨率越高对设备的要求也越高,所以在进行视频编辑时选择合适的分辨率即可。

（4）帧和帧速率

帧是构成视频的最小单位，一帧相当于一个画面。因为人的眼睛具有视觉暂留现象，所以一张张连续的图片会产生动态画面效果。

帧速率是指每秒钟能够播放或录制的帧数，其单位是帧/秒（fps），也可以理解为图形处理器每秒钟能够刷新几次。对影片内容而言，帧速率指每秒所显示的静止帧数。要生成平滑连贯的动画效果，帧速率一般不小于 8 fps；而电影的帧速率为 24 fps。捕捉动态视频内容时，帧速率越高越好。帧速率也是描述视频信号的一个重要概念，对每秒钟扫描多少帧有一定的要求。帧速率越高，动画效果越好。传统电影播放画面的帧速率为 24 fps，NTSC 制式电视规定的帧速率为 29.97 fps（一般简化为 30 fps），而我国使用的 PAL 制式电视的帧速率为 25 fps。自媒体或一般的短视频剪辑选择 25 fps。

（5）场

场是以水平隔行的方式保存帧的内容，在显示时先显示第一个场的交错间隔内容，然后再显示第二个场来填充第一个场留下的缝隙。计算机操作系统是以非交错扫描形式显示视频的，每一帧图像一次性垂直扫描完成，即为无场。

在 Premiere 中，奇数场和偶数场分别称为上场和下场，每一帧由两场构成的视频在播放时要定义上场和下场的显示顺序，先显示上场后显示下场称为上场顺序，反之称为下场顺序。

（6）SMPTE 时间码

视频编辑中，通常用时间码来识别和记录视频数据流中的每一帧，从一段视频的起始帧到终止帧，其间的每一帧都有唯一的时间码地址。根据电影与电视工程师协会（SMPTE）使用的时间码标准，其格式是："时:分:秒:帧（Hours:Minutes:Seconds:Frames）"，用来描述剪辑持续的时间。若时基设定为每秒 30 帧，则持续时间为 00:02:50:15 的剪辑表示它将播放 2 分 50.5 秒。

（7）项目和序列

在 Premiere 中制作视频的第一步就是创建"项目"。"项目"是对视频作品的规格进行定义，如帧尺寸、帧速率、像素纵横比、音频采样、场等，这些参数的定义会直接决定视频作品输出的质量及规格。

在 Premiere 中，"序列"就是将各种素材编辑（添加过渡、特效、字幕等）完成后的作品。Premiere 允许一个"项目"中有多个"序列"存在，而且"序列"可以作为素材被另一个"序列"所引用和编辑，通常将这种情况称为"嵌套序列"。

（8）视频封装格式

视频封装格式也称为容器，它是将已经编码压缩的视频流、音频流及字幕按照一定的方式放到一个文件中，方便播放软件播放。一般来说，视频文件的后缀名就是它的封装格式。视频封装格式随着技术的发展，慢慢演变成今天常见的格式，大致情况如图 1-2 所示。

3. 电视制式

电视信号的制作和播放标准简称电视制式,可以简单地理解为用来实现电视图像或声音信号所采用的一种技术标准。目前各国的电视制式不尽相同,制式的区分主要表现在帧速率、分辨率和信号带宽等方面。在模拟电视信号时代,世界上主要使用的电视制式有 NTSC、PAL 和 SECAM 三种制式,我国采用 PAL 制式。

图 1-2　视频格式的演变

进入数字时代,数字电视以其高清晰度,可存储更多的电视节目,拥有更多的用户交互功能,带有收视指南信息等优点,成为未来电视广播的主流发展方式。数字电视系统可以传输多种电视信号类型,如高清晰度电视(简写为"HDTV"或"高清")、标准清晰度电视(简写为"SDRV"或"标清")、互动电视等。

1.2　文件格式

1. 图像文件格式

图像文件格式是指计算机存储图像的文件格式。常见的格式有 JPEG、BMP、PSD、GIF、TGA、TIFF 和 PNG 等。

（1）JPEG 格式

JPEG 是常见的一种图像文件格式,是联合图像专家组(Joint Photographic Experts Group)的缩写。JPEG 压缩技术十分先进,可以用较少的磁盘空间得到较好的图像品质,是非常流行的图像文件格式。

（2）BMP 格式

BMP 是 Windows 操作系统中的标准图像文件格式,使用非常广泛,它采用位映射存储格式,除了图像深度可选以外,不采用其他任何压缩,因此,BMP 文件所占用的空间较大。

（3）PSD 格式

PSD 是 Adobe 公司的图形图像处理软件 Photoshop 的专用格式。PSD 文件可以存储成 RGB 或 CMYK 模式,能够自定义颜色数并加以存储,还可以保存图层、通道、路径等信息,是目前唯一能够支持全部图像色彩模式的格式,许多平面设计软件都支持这种文件格式,但 PSD 格式文件占用存储空间较大。

（4）GIF 格式

GIF 是为了网络传输和网络用户使用图像文件而设计的,特别适合于动画制作、网页制作及演示文稿制作等方面。GIF 采用无损压缩存储,在不影响图像质量的情况下,可以生成很小的文件,但 GIF 只支持 256 色以内的图像。

(5) TGA 格式

TGA 文件是由美国 Truevision 公司为其显卡开发的一种图像文件格式,结构比较简单,属于一种图形、图像数据的通用格式,在多媒体领域有很大影响,是计算机生成图像向电视转换的一种首选格式。在 Premiere 中会经常使用 TGA 格式的图片序列为视频作品增添各种动态画面。

(6) TIFF 格式

TIFF 是最复杂的一种位图文件格式,它是基于标记的文件格式,广泛应用于对图像质量要求较高图像的存储与转换。由于结构灵活和包容性大,TIFF 格式已成为图像文件格式的一种标准,绝大多数图像系统都支持这种格式。

(7) PNG 格式

PNG 是便携式网络图像格式,能够提供比 GIF 格式还要小的无损压缩图像文件,并且保留了通道信息,可以制作背景为透明的图像。

2. 音频文件格式

音频文件格式是指计算机存储音频的格式,常见的音频文件格式有 MP3、WMA、AAC、WAV、FLAC、APE、MIDI 和 RealAudio 等。

(1) MP3 格式

MP3 采用保留低音频、高压高音频的有损压缩模式,可以大幅度地降低音频数据量,并提供了较好的音质效果,体积小。MP3 格式是计算机、手机、MP3 播放器等数码设备常用的音频文件格式。

(2) WMA 格式

WMA 的全称是 Windows Media Audio,是微软公司推出用于因特网的一种音频格式,即使在较低的采样频率下也能产生较好的音质,它支持音频流技术,适合在线播放。

(3) AAC 格式

AAC 是一种专为声音数据设计的文件压缩格式,文件后缀为 .m4a。它采用了全新的算法进行编码,更加高效,具有更高的“性价比”。利用 AAC 格式,可使人感觉声音质量没有明显降低的前提下,更加小巧,目前是移动设备上替代 MP3 的理想格式。

(4) WAV 格式

WAV 是微软公司专门为 Windows 开发的一种标准数字音频文件,支持多种压缩算法,支持多种音频位数、采样频率和声道,该类文件能记录各种单声道或立体声的声音信息,并能保证声音不失真,但 WAV 文件所占用的磁盘空间太大。

(5) FLAC 格式

FLAC 是无损压缩,音频以 FLAC 编码压缩后不会丢失任何信息,将 FLAC 文件还原为 WAV 文件后,与压缩前的 WAV 文件内容相同。现在许多应用软件及硬件都支持这一格式,

FLAC 格式的压缩效果比 APE 略差,但解码速度比 APE 快。

（6）APE 格式

APE 格式是流行的数字音乐文件格式之一,是无损压缩格式,也就是说音乐 CD 上读取的音频数据文件压缩成 APE 格式后,还可以将 APE 格式的文件还原,而还原后的音频文件与压缩前的一模一样,没有任何损失。

（7）MIDI 格式

MIDI 是 Musical Instrument Digital Interface 的缩写,意为乐器数字接口,是数字音乐、电子合成乐器的国标标准。MIDI 文件中存储的是一些指令,把这些指令发送给声卡,由声卡按照指令合成声音并发送到播放设备。

（8）RealAudio 格式

RealAudio 是 Real Networks 公司开发的音频文件格式,其特点是可以实时地传输音频信息,尤其是在网速较慢的情况下,仍然可以较为流畅地传送数据,主要适用于网络上的在线播放。现在的 RealAudio 文件格式主要有 RA、RM 和 RMX 等三种。

3. 视频格式

视频格式实质是视频编码方式,可以分为本地视频和网络流媒体视频两大类。网络流媒体影像视频正被广泛应用于视频点播、网络演示、远程教育、网络视频广告等互联网信息服务领域。常见的视频格式有 AVI 格式、MPEG 格式、MOV 格式、TGA 序列格式、WMV 格式、ASF 格式、FLV 格式和 F4V 格式等。

（1）AVI 格式

AVI 是微软公司 1992 年推出的、将语音和影像同步组合在一起的文件格式,它可以将视频和音频交织在一起进行同步播放。AVI 的分辨率可以随意调整,窗口越大,文件的数据量也就越大。AVI 主要应用在多媒体光盘上,用来存储电视、电影等各种影像信息。

（2）MPEG 格式

MPEG 原指成立于 1988 年的动态图像专家组,该专家组负责制定数字视频 / 音频压缩标准。目前已提出 MPEG-1、MPEG-2、MPEG-4 等,MPEG-1 被广泛用于 VCD 与一些网络视频片段的制作。使用 MPEG-1 算法,可以把一部 120 分钟长的非数字视频的电影,压缩成 1.2 GB 左右的数字视频,其文件扩展名有 .mpg、.m1v、.mpe、.mpeg 及 VCD 光盘中的 .dat 等。MPEG-2 则应用于 DVD 的制作,在一些 HDTV(高清晰度电视)和一些高要求的视频编辑处理方面也有一定的应用空间。MPEG-2 的视频文件制作的画质要远超过 MPEG-1 的视频文件,但是文件较大,同样对于一部 120 分钟长的非数字视频的电影,压缩得到的数字视频文件大小为 4~8 GB,其文件扩展名有 .mpg、.m2v、.mpe、.mpeg 及 DVD 光盘中的 .vob 等。MPEG-4 采用了新压缩算法,可以将 MPEG-1 格式 1.2 GB 的文件进一步压缩至 300 MB 左右,方便在线播放。

（3）MOV 格式

MOV 也叫 QuickTime 格式，是苹果公司开发的一种视频格式，在图像质量和文件大小的处理方面具有很好的平衡性，不仅适合在本地播放而且适合作为视频流在网络中播放。在 Premiere 中需要安装 QuickTime 播放器才能导入 MOV 格式视频。

（4）TGA 格式

TGA 格式是 Truevision 公司开发的位图文件格式，已成为高质量图像的常用格式，文件一般由序列 01 开始顺序计数，如 A00001.tga、A00002.tga 等，一个 TGA 序列静态图片导入 Premiere 中可作为视频文件使用，这种格式是计算机生成图像向电视转换的一种首选格式。

（5）WMV 格式

WMV 是微软公司推出的一种流媒体格式，是一种独立于编码方式、可在 Internet 上实时传播的多媒体技术标准。在同等视频质量下，WMV 格式的容量非常小，因此很适合在网上播放和传输。

（6）ASF 格式

ASF 是微软公司开发的一种可以直接在网上观看视频节目的流媒体文件压缩格式，可以一边下载一边播放。它使用了 MPEG-4 的压缩算法，所以在压缩率和图像的质量方面都非常好。

（7）FLV 格式

FLV 是 Flash Video 的简称，由于它形成的文件极小、加载速度极快，使得网络观看视频文件成为可能，它的出现有效地解决了视频文件导入 Flash 后，导出的 SWF 文件体积庞大、不能在网络上很好使用的特点。

（8）F4V 格式

F4V 格式是 Adobe 公司为了迎接高清时代而推出的支持 H.264 编码标准的流媒体格式。F4V 格式和 FLV 主要的区别在于，FLV 格式采用的是 H.263 编码，而 F4V 则支持 H.264 编码的高清晰视频。在文件大小相同的情况下，F4V 格式文件更加清晰流畅。

1.3 剪辑基础

剪辑就是将影片制作过程中所拍摄的各种镜头素材，利用非线性编辑软件，遵循一定的镜头语言和剪辑规律，经过选择、取舍、分解与组接，最终完成一个连贯流畅、含义明确、主题鲜明并有艺术感染力的作品。

1. 非线性编辑

非线性编辑是指应用计算机视频编辑技术，在计算机中对各种影视素材进行剪切、粘贴、插入、删除和重组等操作，并将最终结果输出到计算机硬盘、光盘等记录设备中的一系列操作。它借助计算机进行数字化操作，几乎所有的工作都能通过计算机来完成，不需要太多的外部设备,打破了传统的以时间顺序编辑的限制,根据制作要求自由排列组合,具有快捷、简便、随机的特性。非线性编辑已经广泛应用于电影电视节目的后期制作中以及网络短视频和自媒体的创作中。

2. 镜头

在影视作品的前期拍摄中,镜头是指摄像机从拍摄到停止所拍摄下来的一段连续的画面;在后期编辑中,镜头是指两个剪接点之间的片段。在前期拍摄过程中,镜头是组成影片的基本单位,也是非线性编辑的基础素材。使用非线性编辑软件能够对镜头进行重新组接和剪辑处理。

3. 景别

景别也称为镜头范围,是指因摄影机与被摄对象的距离不同,造成被摄对象在画面中呈现出大小的不同。景别是影视作品的重要概念,不同的景别会产生不同的艺术效果。我国古代绘画有这么一句话:"近取其神,远取其势"。影视作品就是这些能够产生不同艺术效果的景别组合在一起的结果。影视画面的景别大致划分为远景、全景、中景、近景、特写五种。

(1) 远景

远景是视距最远的景别。远景画面如以人为尺度,人在画面中仅占很小面积,呈现为一个点状体。远景画面开阔,景深悠远。这种景别能充分展示人物活动的环境空间,可以用来介绍环境,展示事物的规模和气势,还可以抒发感情、渲染气氛、创造某种意境。影视创作中有"远景写其势,近景写其质"的说法。远景画面常运用在影视作品的开头、结尾,如图1-3所示。比远景中视距还要远的景别,称为大远景,它的取景范围最大,适宜表现辽阔广袤的自然景色,能创造深邃的意境。

(2) 全景

对于景物而言,全景是表现该景物全貌的画面。而对于人物来说,全景是表现人物全身形貌的画面,它既可以表现单人全貌,也可以同时表现多人。从表现人物情况来说,全景又可以称为"全身镜头",在画面中,人物的高度大致与画幅高度相同。与场面宏大的远景相比,全景所表现的内容更加具体和突出。无论是表现景物还是人物,全景比远景更注重具体内容的展现。对于表现人物的全景,画面中会同时保留一定的环境内容,但这时画面中的环境空间处于从属地位,完全成为一种造型的补充和背景衬托,如图1-4所示。

(3) 中景

表现成年人膝盖以上部分或场景局部的画面,但一般不要正好卡在膝盖部位,因为卡在关节部位是摄像构图中所忌讳的,比如脖子、腰部、膝盖、脚踝等。和全景相比,中景包含人物的范围有所缩小,环境处于次要地位,重点在于表现人物的上身动作。中景画面为叙事性景别,因此中景在影视作品中占的比重较大,如图1-5所示。

(4) 近景

表现人物胸部以上或物体局部的画面为近景。近景的屏幕形象是近距离观察人物的体现,

图 1-3　远景

图 1-4　全景

图 1-5　中景

所以能清楚地看清人物细微动作,也是人物之间进行感情交流的景别。近景着重表现人物的面部表情,传达人物的内心世界,是刻画人物性格最有力的景别。电视节目中主持人与观众进行情绪交流也多用近景。这种景别适应于电视屏幕小的特点,在电视摄像中用得较多,因此有人说电视是近景和特写的艺术。近景产生的接近感,往往给观众以较深刻的印象,如图 1-6 所示。

（5）特写

画面的下边框在成人肩部以上的头像,或其他被摄对象的局部称为特写镜头。特写镜头中,被摄对象充满画面,比近景更加接近观众,背景处于次要地位,甚至消失。特写镜头能细微表现人物面部表情,它具有生活中不常见的特殊视觉感受,主要用来描绘人物的内心活动。演员通过面部把内心活动传给观众,特写镜头无论是人物或其他对象均能给观众以强烈的印象,如图 1-7 所示。

图 1-6　近景

图 1-7　特写

4. 蒙太奇

蒙太奇是镜头组接的章法和技巧,根据影片所要表达的内容和观众的心理顺序,将一部影片分别拍摄成许多镜头,然后再按照原定的构思组接起来。电影的基本元素是镜头,而连接镜头的主要方式和手段是蒙太奇,所以说,蒙太奇是影视艺术独特的表现手段。

每一个镜头都不是孤立存在的,就像语言中的词汇一样,上下若干个镜头都存在明显的内在关系,而不同的关系就能产生出连贯、跳跃、加强、减弱、排比、反衬等不同的视觉效果。单个镜头表达着一个相对独立的意思,而镜头的组接起着叙述故事的作用。例如,把以下 A、B、C 三个镜头,以不同的次序连接起来,就会出现不同的内容与意义。

A:一个人在笑　　　B:一只老虎　　　C:同一个人脸上露出惊惧的样子

如果用 A—B—C 次序连接,会使观众感到那个人看到老虎后害怕。如果镜头不变,只要把上述镜头的顺序改变一下,用 C—B—A 的次序连接,给观众的感觉就完全不同了:这个人的脸上露出了惊惧的样子,是因为他看到了一只老虎;可是,当他考虑一下,觉得没有什么了不起,于是他笑了,因此,他给观众的印象是一个勇敢的人。

如此这样,改变一个场面中镜头的次序,而不用改变每个镜头本身,就完全改变了一个场面的意义,得出与之截然相反的结论,产生完全不同的效果。

在电影、电视镜头组接中,由一系列镜头有机组合而成的逻辑连贯、富于节奏、含义相对完整的影视片段,称为句型。蒙太奇的句型有以下几种。

- 前进式句型:这种叙述句型是指景物由远景、全景向近景、特写过渡。视线从对象的整体引向局部,用来表现由低沉到高昂向上的情绪和剧情的发展。

- 后退式句型:这种叙述句型是由近到远,实现从对象的局部引向整体,表现由高昂到低沉、压抑的情绪,在影片中表现由细节扩展到全部。

- 环式句型:是把前进式和后退式的句子结合在一起使用。先全景→中景→近景→特写,再特写→近景→中景→远景,或者反过来运用。表现情绪由低沉到高昂,再由高昂转向低沉,这类的句型一般在影视故事片中较为常用。

- 穿插式句型:句型的景别变化不是循序渐进的,而是远近交替(或是前进式和后退式蒙太奇穿插使用)。

- 等同式句型:就是在一个句子中景别不变。

5. 镜头的运动方式

镜头的运动方式是利用摄像机在推、拉、摇、移、升、降等形式的运动中进行拍摄的方式,是突破画框边缘的局限、拓展画面视野的一种方法。镜头运动方式必须符合人们观察事物的习惯。

(1) 推镜头

推镜头指摄影机通过运动逐渐接近被摄体。这时取景范围由大变小,从而逐渐排除背景和客体,把注意力引向主体。所以通常是由景到人,是特别吸引注意的一种方式。

(2) 拉镜头

拉镜头指摄影机逐渐远离被摄体,取景范围由小变大,它的作用是先强调主体,再通过摄影机的后拉把主体和环境的关系建立起来,也是由人到景、把注意从人物身上转向环境的一种基本手段。

(3) 摇镜头

摇镜头指以三脚架的云台为轴心,使摄影机镜头上下或左右转动。摇镜头与被摄体保持基本距离,只是镜头上下或左右转动,所以它所模拟的是人头左右转动或抬起垂下的动作。

(4) 移镜头

移镜头指横移,摄影机的拍摄方向和运动方向成垂直或成一定角度移动,类似于一边走一边侧着头看。移镜头围绕被摄体运动,就成了所谓的环拍。

(5) 跟镜头

跟镜头即跟拍,摄影机拍摄方向与运动方向一致,而且与被摄体的运动方向保持固定的距离或有一定的变化,它又类似于边走边向前看或向后看。

6. 镜头组接的规律

影视节目都是由一系列的镜头按照一定的排列次序组接起来的。这些镜头之所以能够延续下来,使观众能从影片中看出它们融合为一个完整的统一体,那是因为镜头的发展和变化要服从一定的规律。

(1) 镜头的组接必须符合观众的思维方式和影视表现规律

镜头的组接要符合生活的逻辑、思维的逻辑,否则观众就看不懂。影视节目要表达的主题与中心思想一定要明确,在这个基础上才能再根据观众的心理要求,即思维逻辑选用哪些镜头,再将它们组合在一起。

(2) 景别的变化要采用循序渐进的方法

一般来说,拍摄一个场面的时候,景别的变化不宜过分剧烈,否则就不容易连接起来。相反,景别的变化不大,同时拍摄角度变换亦不大,拍出的镜头也不容易组接。由于以上原因,在拍摄的时候景别的发展变化需要采取循序渐进的方法。循序渐进地变换不同视觉距离的镜头,可以使连接顺畅,形成各种蒙太奇句型。

(3) 镜头组接中的拍摄方向遵循轴线规律

主体物在进出画面时,需要注意拍摄的总方向,即从轴线一侧拍,否则两个画面接在一起主体物就要相撞。

所谓轴线规律,是为了保证镜头方向性的统一。在前期拍摄和后期编辑过程中,镜头要保持在轴线的同一侧 180° 以内,不能随意越过轴线。如果摄影机的位置始终在主体运动轴线的同一侧,那么构成画面的运动方向、放置方向都是一致的,否则就是跳轴了。跳轴的画面除非是特殊的需求,否则是无法组接的。如果前期拍摄的素材中出现"跳轴"镜头,在后期编辑工作中必须进行相应的处理。

(4) 镜头组接要遵循动接动、静接静的规律

如果画面中同一主体或不同主体的动作是连贯的,可以动作接动作,达到顺畅、简洁过渡的目的,简称为动接动。如果两个画面中的主体运动是不连贯的,或者它们中间有停顿时,那么这两个镜头的组接,必须在前一个画面主体做完一个完整动作停下来后,接上一个从静止到开始的运动镜头,这就是静接静。静接静组接时,前一个镜头结尾停止的片刻叫落幅,后一镜头运动前静止的片刻叫做起幅,起幅与落幅时间间隔大约为一二秒。运动镜头和固定镜头组接,同样需要遵循这个规律。如果一个固定镜头要接一个摇镜头,则摇镜头开始要有起幅;相反一个摇镜头接一个固定镜头,那么摇镜头要有落幅,否则画面就会给人一种跳动的视觉感。有时为了特殊效果,也有静接动或动接静的镜头。

(5) 镜头组接要讲究色调的统一

色调的统一是镜头组接中最基本的原则,每一个视频都有自己的主色调,在镜头的组接中要注意色调的一致性,不能盲目进行组接。如果把色彩或明暗对比强烈的两个镜头组接在一

起(除了特殊的需要外),就会使人感到生硬和不连贯,影响内容通畅表达。如果色彩和色调相差很大,则需要在软件中进行色调的调整。

(6) 镜头组接要符合节奏

在组接有故事情节的视频镜头时,要根据作品的题材、样式、风格以及情节的环境气氛、人物的情绪、情节的跌宕起伏把握好作品的节奏,整体调整镜头的顺序和持续时间。

案例 1

大美中国——初探 Premiere Pro 2022

➤ 案例描述

通过完成"大美中国"视频的制作,初步了解 Premiere Pro 2022 的工作界面和编辑视频的工作流程。

➤ 案例解析

在本任务中,需要完成以下操作:

● 启动 Premiere Pro 2022,新建一个项目文件,并新建一个序列,进入 Premiere Pro 2022 工作界面;

● 设置"首选项"对话框,利用"导入"命令将素材导入到"项目"面板;

● 组合素材,添加视频转场,最后输出视频作品。

➤ 案例实施

① 选择"开始"→"Premiere Pro 2022"命令,启动 Premiere Pro 2022,打开"主页"界面,单击"新建项目"按钮,进入"导入"模式界面,在"项目名"文本框中输入"案例 1 大美中国",在"项目位置"下拉列表框中选择项目保存的位置,如图 1-8 所示。

② 单击"创建"按钮,进入"编辑"模式界面,选择"文件"→"新建"→"序列"命令(或按快捷键 Ctrl+N),弹出"新建序列"对话框,选择"DV-PAL 标准 48kHz"制式,单击"确定"按钮,可在"项目"面板中新建"序列 01"。

③ 选择"编辑"→"首选项"→"时间轴"命令,在弹出的对话框中设置"视频过渡默认持续时间"为 25 帧、"静止图像默认持续时间"为 3 秒,如图 1-9 所示。

④ 选择"文件"→"导入"命令,弹出如图 1-10 所示的"导入"对话框,选中本案例中所有素材,单击"打开"按钮,将所有素材导入"项目"面板,如图 1-11 所示。

⑤ 在"项目"面板上单击"1.jpg",然后按住 Shift 键的同时单击"14.avi",选中图片和视频

图 1-8　"导入"模式界面

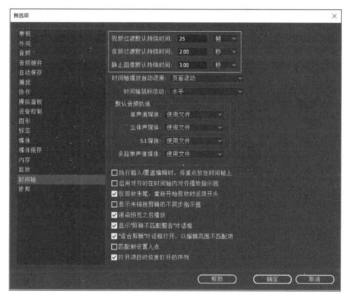

图 1-9　"首选项"对话框

图 1-10　"导入"对话框

图 1-11　"项目"面板

素材,将其拖放到"时间轴"面板的"V1"轨道中的"00:00:00:00"处,所选素材将按选择的顺序依次排列,如图1-12所示。

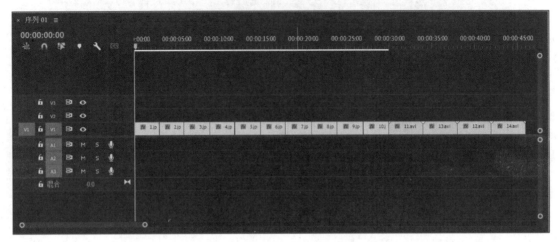

图1-12 按顺序排列的素材

⑥ 将"项目"面板上"music.mp3"素材拖动到"时间轴"面板的"A1"轨道上的"00:00:00:00"处。

⑦ 将"项目"面板上"大美中国.png"素材拖动到"时间轴"面板的"V2"轨道上的"00:00:00:00"处。

⑧ 单击"项目"面板上右侧的 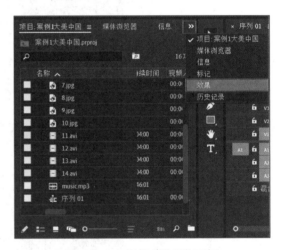 按钮,在弹出的菜单中选择"效果",如图1-13所示,切换到"效果"面板,选择"视频过渡"中"缩放"类的"交叉缩放",将其拖动到"V2"轨道中"大美中国.png"的入点处,如图1-14所示。

图1-13 切换"效果"面板

⑨ 选择"文件"→"导出"→"媒体"命令,进入"导出"模式界面,如图1-15所示,文件名为"案例1大美中国",格式设为"H.264",然后单击"导出"按钮,即可输出格式为MP4的视频文件。

图1-14 添加视频过渡效果

图 1-15 导出视频文件

1.4 Premiere Pro 2022 入门

Premiere Pro 2022 是由 Adobe 公司推出的一款专业、高效的视频编辑软件,提供了采集、剪辑、调色、音频处理、字幕添加、输出、DVD 刻录等功能,被广泛地应用于影视、广告、包装等领域,成为 PC 和 MAC 平台上应用最为广泛的、专业的视频编辑软件之一。配合 Adobe 公司开发的 After Effects、Photoshop、Audition 等软件,可以制作出专业级的视频作品。

1. 主页屏幕

主页屏幕是使用 Premiere 的开始,如图 1-16 所示。单击左侧的"新建项目"或"打开项目"按钮可以创建新项目或打开已经存在的项目。主屏幕的右侧单击相对应名称文件即可打开最近使用的项目文件。

2. 标题栏

标题栏如图 1-17 所示,使用标题栏在软件的不同部分之间移动,在编辑时可打开不同的工作区。当在主页屏幕选择"新建项目"时,Premiere 会进入"导入"模式界面。创建新项目或打开现有项目后,会进入"编辑"模式界面。导出视频时,会进入"导出"模式界面。

3. 工作区

Premiere 界面由面板组成,这些面板被组织成版面并保存为工作区,如图 1-18 所示。不同的工作区适合处理不同的工作任务,例如,编辑工作区适合做编辑任务,音频工作区适合处理音频,颜色工作区适合调整颜色等。用户可以根据自己的操作习惯自定义工作区。以下是几个重要的工作区。

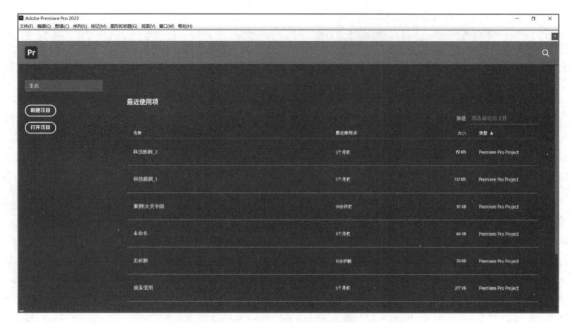

图 1-16　主页屏幕

图 1-17　标题栏

● 学习：如果要使用应用程序内的教程并在编辑时学习相关内容，适合使用此工作区。

● 组件：主要用于处理视频。进入"组件"工作区后，会看到"项目"面板被大幅度调大。这样非常方便用户导入和整理视频素材。因为"节目"监视器面板和"时间轴"面板也同时存在于这一工作区，所以不仅可以导入和整理视频素材，还可以对视频素材进行基础剪辑。

● 颜色：主要用于完成视频调色的工作。进入"颜色"工作区后，"Lumetri颜色"面板（调色主面板）与"Lumetri 范围"面板（调色监视面板）会自动加入工作界面中。

● 效果：主要用于为视频添加后期效果。进入"效果"工作区后，"效果"面板（后期特效搜索与添加面板）与"效果控件"面板（效果设置面板）会自动加入工作区。

● 音频：主要用于调整视频的声音效果。进入"音频"工作区后，"音轨混合器"面板（调音面板）会自动加入工作区。

图 1-18　工作区

（1）更改工作区

可单击标题栏中"工作区"按钮  下拉菜单中的工作区名称来访问工作区，也可以选择菜单"窗口"→"工作区"命令选择所需的工作区。

（2）通过项目导入工作区

默认情况下，Premiere 会在用户当前打开的任何工作区中打开项目。也可以在上次使用的工作区中打开项目。在打开项目之前，选择菜单"窗口"→"工作区"→"导入项目中的工作区"命令。

（3）修改工作区顺序或删除工作区

可单击标题栏中"工作区"按钮 下拉菜单中的"编辑工作区"命令，打开"编辑工作区"对话框，如图1-19所示。通过菜单"窗口"→"工作区"→"编辑工作区"命令，也可打开"编辑工作区"对话框。"编辑工作区"对话框中可以重新安排工作区的顺序，或隐藏工作区，或删除自定义工作区。

（4）创建自定义工作区

可以修改工作区并将最近的版面保存为自定义工作区。已保存的自定义工作区会出现在"工作区"菜单中，供以后使用。自定义工作区的操作方法：单击标题栏中"工作区"按钮 下拉菜单中的"另存为新工作区"，或选择菜单"窗口"→"工作区"→"另存为新工作区"命令。

图 1-19 编辑工作区

（5）重置工作区

重置当前的工作区，使其恢复为已保存的原面板布局。重置工作区的操作方法：单击标题栏中"工作区"按钮下拉菜单中的"重置为已保存的布局"，或选择菜单"窗口"→"工作区"→"重置为已保存的布局"命令。

4. Premiere 工作界面

Premiere 的工作界面主要包括综合区域、监视器区域、"时间轴"面板，以及工具栏和音波表，编辑工作区的界面如图1-20所示，以下是工作界面中各部分的名称及功能。

（1）菜单栏

Premiere Pro 2022 的主要功能都可以通过执行菜单栏中的命令来完成，使用菜单命令是最基本的操作方式，主菜单如下。

● 文件：主要包括用于新建、打开和保存项目，采集、导入外部视频素材，输出影视作品等操作的命令。

● 编辑：提供对素材的编辑功能，如"复制""粘贴""清除"等命令。

图 1-20　工作界面

- 剪辑：该菜单用于管理项目并设置项目中素材的各项参数。
- 序列：主要用于对"时间轴"面板的素材进行编辑、管理和设置轨道属性等命令。
- 标记：主要对素材和"时间轴"面板中的素材进行出点和入点的标记、清除等操作。
- 图形和标题：主要用于对素材进行字幕和图形的创建、使用等操作。
- 视图：对素材预览选项进行回放、暂停、显示设置等操作。
- 窗口：主要用于设置各个窗口和面板的显示或隐藏。
- 帮助：提供 Premiere 的帮助信息。

（2）"项目"面板

"项目"面板位于工作界面的左下角，可以存放建立的序列和导入的素材，管理素材文件，显示素材文件的名称、缩略图、长度、大小等基本信息。

面板底部有列表/图标/自由变换视图、查找选项、新建素材箱、新建项、删除等常规操作按钮。文件的显示方式如图 1-21~ 图 1-23 所示，可以通过单击"列表视图"按钮 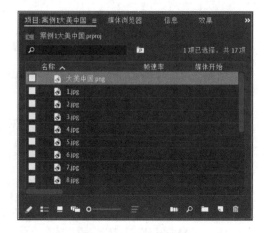 、"图标视图"按钮 ，或"自由变换视图"按钮 切换视图。"排列图标"按钮 ，只有在使用图标视图显示时才可用。"自动匹配序列"按钮 ，可以使选中的素材自动按照选择的顺序排列到"时间轴"面板，并在素材之间添加"交叉叠化"切换效果；单击"新建素材箱"按钮 ，可在"项目"面板中创建新的文件夹，合理

图 1-21　列表视图

图 1-22　图标视图

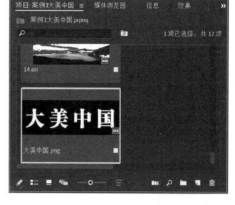

图 1-23　自由变换视图

使用素材箱可使素材管理更为高效有序。"新建项"按钮 可以创建序列、脱机文件、调整图层、彩条、黑场视频和倒计时片头等；单击"清除"按钮 可以删除选中的素材。

（3）"时间轴"面板

"时间轴"面板用于进行视频剪辑，视频剪辑的大部分工作都是在"时间轴"面板中完成的。剪辑轨道分为视频轨道和音频轨道。在"时间轴"面板中，图像、视频和音频素材有组织地组合在一起，加入各种过渡、特效等，就可以制作出视频文件，其最主要的功能之一就是序列间的多层嵌套，也就是可以将一个复杂的项目分解成几个部分，每一部分作为一个独立的序列来编辑，等各个序列编辑完成后，再统一组合为一个总序列，形成序列间的嵌套。灵活应用嵌套功能，可以提高剪辑效率，能够完成复杂庞大的影片编辑工程。"时间轴"面板为每个序列提供一个名称标签，单击序列名称就会在序列之间切换，如图 1-24 所示。

（4）"工具"面板

"工具"面板的工具主要用于编辑"时间轴"面板中的素材文件，部分图标的右下角有个三角形标志，表示该图标下包含多个工具，如图 1-25 所示。

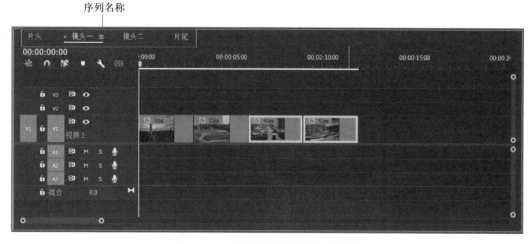

图 1-24　"时间轴"面板上的序列

图 1-25　"工具"面板

（5）监视器

监视器面板是实时预览影片和剪辑影片的重要面板,由两个组成,如图 1-26 所示,左边是"源"监视器,主要用于对素材的浏览与粗略编辑,右边是"节目"监视器,用于预览"时间轴"面板上正在编辑或已经完成编辑的节目效果。

图 1-26　监视器

（6）"效果控件"面板

"效果控件"面板用于设置素材视频的运动、透明度、特效和音频特效等效果,如图 1-27 所示。具体使用方法将在后面单元中介绍。

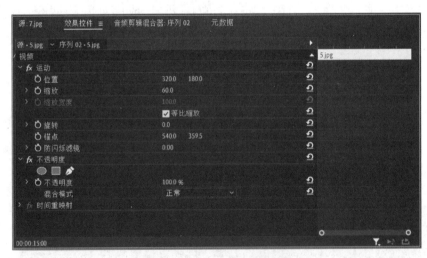

图 1-27　"效果控件"面板

（7）"效果"面板

"效果"面板如图 1-28 所示,包括预置、音频特效、音频切换效果、视频特效、视频切换效果。具体使用方法将在后面单元中介绍。

（8）"音频剪辑混合器"面板

"音频剪辑混合器"面板用于调整音轨上选中的音频剪辑的音量、平衡及设置静音、独奏等,还可开启写关键帧功能,如图 1-29 所示。具体使用方法将在后面单元中介绍。

图 1-28　"效果"面板

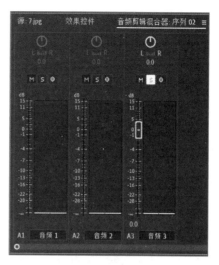

图 1-29　"音频剪辑混合器"面板

（9）"音轨混合器"面板

"音轨混合器"面板主要实现对整条音轨的控制，可用于调整整条音轨的左右平衡、音量级别及设置静音、独奏等，还可进行录制、设置效果、发送，以及选择自动模式，如图 1-30 所示。具体使用方法将在后面单元中介绍。

（10）"历史记录"面板

"历史记录"面板中记录了编辑过程中的所有操作。在剪辑的过程中，如果操作失误，可以单击"历史记录"面板中相应的命令，返回到操作失误之前的状态，如图 1-31 所示。

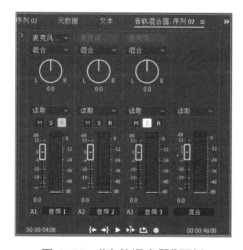

图 1-30　"音轨混合器"面板

图 1-31　"历史记录"面板

（11）"信息"面板

在"信息"面板中，主要显示被选中素材的相关信息，如图 1-32 所示。在"项目"面板或"时间轴"面板上单击某个素材，在"信息"面板中就会显示出被选中素材的基本信息、所在的序列及序列中其他素材的信息。

（12）"媒体浏览器"面板

"媒体浏览器"面板为快速查找、导入素材提供了非常便捷的途径，在这里如同在系统根目录中浏览文件一样，找到需要的素材，可以直接将它拖曳到"项目"面板、"源"面板或时间轴轨道上，如图1-33所示。

（13）"音频仪表"面板

"音频仪表"面板位于"时间轴"面板的右侧，当有声音的素材播放时，音频仪表中以波形表示声音的大小，单位为分贝（dB），查看音频仪表可以辅助用户统一不同素材的声音大小，如图1-34所示。

图1-32 "信息"面板

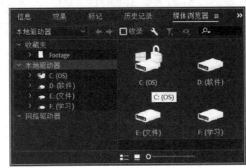

图1-33 "媒体浏览器"面板

图1-34 "音频仪表"面板

5. 设置首选项

正确设置首选项对于提高工作效率和制作出优秀作品非常重要。执行"编辑"→"首选项"→"常规"命令，打开"首选项"对话框，可设置很多功能和参数，以下是几个比较重要的选项。

① 在"音频硬件"选项中，默认输出是"扬声器／听筒（Realtek（R）Audio）。"

② 在"自动保存"选项中，默认保存时间间隔为15分钟，时间相对比较长，可以更改为3分钟或者5分钟，也可设置为比较合适自己的时间。"最大项目版本"文本框中可以输入要保存项目文件的版本数，如输入10，将保存10个最近版本。

③ 在"媒体"选项中，"不确定的媒体时基"保持默认的25 fps不变，时间码更改为从"00：00：00：00"开始。

④ 在"媒体缓存"选项中，媒体缓存文件默认保存在用户自己的AppData文件夹中，可以更改为其他位置，方便清理缓存文件。媒体缓存数据库也可以更改为与媒体缓存文件一样的路径，这对安装在C盘的使用者非常有帮助，因为随着时间越来越长，缓存文件会越来越多，影响计算机的运行速度。

6. Premiere 视频编辑流程

Premiere用于将视频、音频和图片素材组合在一起，制作出精彩的数字影片，但在制作之前必须准备好所需素材，这些素材需要借助其他软件进行加工处理。一般来说，利用Premiere

制作数字影片需要经过以下几个步骤。

（1）撰写脚本和收集素材

在运用 Premiere 进行视频编辑之前，首先要认真对影片进行策划，拟定一个比较详细的提纲，确定所要创作影片的主题思想，接下来根据影片表现的需求撰写脚本，脚本准备好了之后就可以收集和整理素材了。收集途径包括截取屏幕画面、扫描图像、用数码相机拍摄图像、用数码摄像机拍摄视频、从素材盘或网络中收集各种素材等。

（2）创建新项目，导入收集的素材

先启动 Premiere，新建并设置好项目参数，创建一个项目，然后导入各类已整理好的素材。

（3）编辑、组合素材

在素材导入后，要根据需要对素材进行修改，如剪切多余的片段、修改播放速度、时间长短等。剪辑完成的各段素材还需要根据脚本的要求，按一定顺序添加到时间轴的视频轨道中，将多个片段组合成表达主题思想的完整影片。

（4）添加视频过渡、特效

使用过渡可以使两段视频素材衔接更加流畅、自然。添加视频特效可以使影片的视觉效果更加丰富多彩。

（5）字幕制作

字幕是节目中非常重要的部分，包括文字和图形两个方面。使用字幕便于观众准确理解影片内容，Premiere 使用字幕设计器来创建和设计字幕。

（6）添加、处理音频

为作品添加音频效果。处理音频时，要根据画面表现的需要，通过背景音乐、旁白和解说等手段来加强主题的表现力。

（7）导出影片

影片编辑完成后，可以生成视频文件发布到网上或刻录成 DVD。

在后面的单元，将主要按照上述内容介绍 Premiere 的具体使用。

思考与实训

一、填空题

1. 数字音频是一个用来表示声音强弱的_____，由模拟声音经_____、量化和编码后得到。

2. _____也称为采样频率或采样速度，表示每秒从连续信号中提取并组成离散信号的采样个数，单位为_____。

3. _____是构成视频的最小单位，每一幅静态_____被称为一帧。帧速率是指每秒钟能够播放或录制的帧数,其单位是_____。

4. 目前世界上用于彩色电视广播主要有_____、_____和 SECAM 三种制式。

5. 传统电影播放画面的帧速率为_____帧/秒,NTSC 制式规定的帧速率为_____帧/秒,而我国使用的 PAL 制式的帧速率为_____帧/秒。

6. 经常用到的图像格式有_____、_____、_____、GIF、_____和 TIFF 等。

7. 经常用到的音频格式有_____、_____、MIDI、_____、_____和 RealAudio 等。

8. 经常用到的视频格式有_____、_____、MOV、TGA、_____、ASF 和_____。

9. _____也称为镜头范围,是指因摄影机与被摄对象的距离不同,造成被摄对象在画面中呈现出大小的不同。

10. 我国影视画面的景别大致划分远景、_____、_____、近景和_____五种。

11. 镜头的运动方式就是利用摄像机在_____、拉、_____、_____、升、降等形式的运动中进行拍摄的方式,是突破画框边缘的局限、拓展画面视野的一种方法。

12. _____是指景物由远景、全景向近景、特写过渡。用来表现由低沉到高昂向上的情绪和剧情的发展。

13. _____是由近到远,表示由高昂到低沉、压抑的情绪,在影片中表现由细节扩展到全部。

14. _____是把前进式和后退式的句子结合在一起使用。

15. 镜头组接要遵循接_____动、静接_____的规律。

二、上机实训

1. 启动 Premiere Pro 2022,新建一个项目和序列 01,选择 DV–PAL 标准 48 kHz,项目名称为"魅力泰山"。

2. 将"1.wmv""2.wmv""3.wmv""4.wmv"素材导入"项目"面板。

3. 双击"项目"面板上素材"1.wmv",在"源"监视器上显示素材画面,拖动快速搜索按钮,观察画面的变化及当前时间的变化,理解时间码的含义。拖动微调按钮,浏览画面,单击"后退一帧(左侧)"或"前进一帧(右侧)"按钮,观察画面变化。

4. 用鼠标依次将"项目"面板中的四个素材拖到"V1"轨道上,在"节目"监视器中播放视频。

5. 了解 Premiere Pro 2022 工作界面各个面板的功能。

单元 2 Premiere 视频编辑入门

案例 2

旅游视频短片——项目管理与基本操作

▷ 案例描述

通过完成本案例,能够掌握项目的新建、素材的导入与管理等基本视频编辑技巧。

▷ 案例解析

在本任务中,需要完成以下操作:

- 启动 Premiere 新建项目文件,进入 Premiere 工作界面;
- 新建素材箱,将素材进行分类存储,利用"导入"命令将视频、音频、文字素材导入"项目"面板;
- 创建序列并重命名,将导入的素材也拖放到轨道上;
- 创建一个遮罩颜色素材,用鼠标拖放到视频轨道上,然后添加轨道,制作片尾效果。

▷ 案例实施

① 启动 Premiere,打开"主页"界面,如图 2-1 所示,单击"新建项目"按钮,进入"导入"模

图 2-1 "主页"界面

25

式界面,在"项目名"文本框中输入"案例 2 旅游视频制作",通过"项目位置"下拉列表框选择项目保存的位置。单击"创建"按钮,进入"编辑"模式界面,如图 2-2 所示。

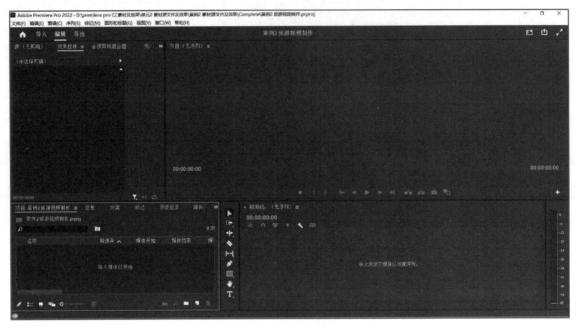

图 2-2 "编辑"模式界面

② 选择"编辑"→"首选项"→"时间轴"命令,在弹出的对话框中设置"静止图像默认持续时间"为 3 秒。单击"项目"面板底部的"新建素材箱"按钮 ■,在"项目"面板上新建一个素材箱,输入"视频"作为素材箱名称,如图 2-3 所示。

③ 右击"项目"面板的空白处,在弹出的快捷菜单中选择"新建素材箱"命令,如图 2-4 所示,在"项目"面板上新建一个素材箱,输入"音频"作为素材箱名称。

图 2-3 新建"视频"素材箱

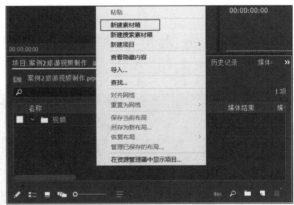

图 2-4 新建素材箱快捷菜单

④ 右击"项目"面板中的"视频"素材箱,在弹出的菜单中选择"导入"命令,打开"导入"对话框,选择"片头 .mp4"和"1.mp4"～"4.mp4"视频文件,如图 2-5 所示。单击"打开"按钮,将选中的视频文件导入到"视频"素材箱中,如图 2-6 所示。

图 2-5 "导入"对话框

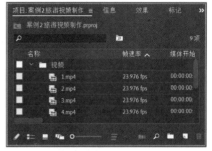

图 2-6 导入视频素材"项目"面板

⑤ 选中"音频"素材箱,按快捷键 Ctrl+I 打开"导入"对话框,选择"music1.mp3"和"music2.mp3"文件,将其导入到"音频"素材箱中。

⑥ 选择菜单"文件"→"导入"命令,打开"导入"对话框,选择"文字"文件,如图 2-7 所示,单击"导入文件夹"按钮,将"文字"文件夹导入到"项目"面板中。

图 2-7 导入"文字"文件夹

⑦ 单击"视频"素材箱前的小三角将其展开,拖动"片头 .mp4"到"项目"面板底部的"新建项"按钮 ■ 上,可在"项目"面板中新建"片头"序列,"项目"面板和"时间轴"面板如图 2-8 所示。

⑧ 在"项目"面板上"片头"序列的名称处双击,出现反白框,输入"合成",将序列改名为"合成"。

⑨ 依次选中"项目"面板"视频"素材箱中的"2.mp4"~"4.mp4"素材并拖放到"V1"轨道"1.mp4"素材的后面,"时间轴"面板如图 2-9 所示。

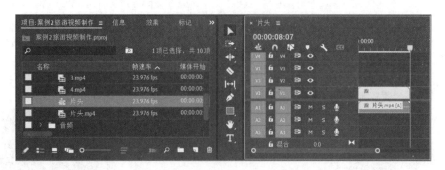

图 2-8 新建"片头"序列

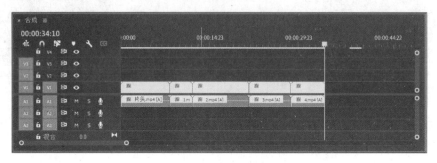

图 2-9 "时间轴"面板

⑩ 单击"项目"面板上的"新建项"按钮,在弹出的快捷菜单中选择"颜色遮罩"命令,弹出如图 2-10 所示的对话框,单击"确定"按钮,弹出"拾色器"对话框,设置 RGB 为(215,211,211),如图 2-11 所示,单击"确定"按钮,即可在"项目"面板中新建"颜色遮罩"素材。

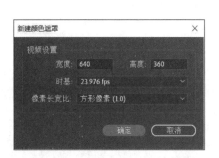

图 2-10 "新建颜色遮罩"对话框

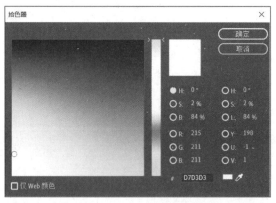

图 2-11 "拾色器"对话框

⑪ 将"颜色遮罩"素材拖放到"时间轴"面板上"V1"轨道中,右击"V1"轨道中的"颜色遮罩"素材,在弹出的快捷菜单中选择"速度 / 持续时间"命令,如图 2-12 所示,弹出"剪辑速度 / 持续时间"对话框,将持续时间改为 6 秒,如图 2-13 所示。

⑫ 将时间指针移动到"00:00:35:11"处,单击"文字"素材箱前的小三角将其展开,拖动"圆 .png"到"V2"轨道上,将其持续时间更改为 5 秒,如图 2-14 所示。

⑬ 将时间指针移动到"00:00:36:11"处,拖动"wz1.png"到"V3"轨道上,将其持续时间更改为 4 秒。

图 2-12　"速度 / 持续时间"命令

图 2-13　"剪辑速度 / 持续时间"对话框

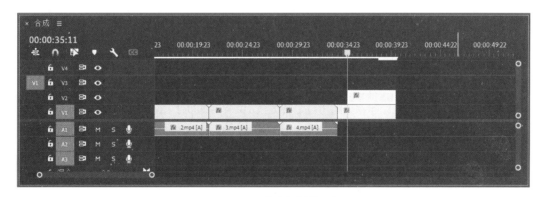

图 2-14　"时间轴"面板

⑭ 选择菜单"序列"→"添加轨道"命令,如图 2-15 所示,打开"添加轨道"对话框,添加 2 个视频轨道,如图 2-16 所示。

⑮ 将时间指针移动到"00:00:37:11"处,拖动"wz2.png"到"V4"轨道上。将时间指针移动到"00:00:38:11"处,拖动"wz3.png"到"V5"轨道上,将其持续时间更改为 2 秒。

图 2-15　"添加轨道"命令

图 2-16　"添加轨道"对话框

⑯ 按住 Shift 键依次选择"项目"面板中的"music1.mp3""music2.mp3"音频文件,将其拖放到"A1"轨道中。按空格键,预览影片。选择菜单栏中"文件"→"保存"命令,保存项目。

2.1　Premiere 的基本操作

项目是 Premiere 的一个工程文件,扩展名是 prproj。使用 Premiere 动手制作视频作品前,首先要创建一个新项目,然后对项目进行必要的设置,并对系统进行基本的参数设置。

1. 新建项目

新项目的创建有两种方式:一是通过"主页"界面,二是通过"文件"菜单。

(1) 通过"主页"界面创建新项目

启动 Premiere 程序,出现"主页"界面,如图 2-1 所示,单击"新建项目"按钮后,进入"导入"模式界面,在"项目名"文本框中输入文件名,通过"项目位置"下拉列表框选择项目保存的位置。单击"创建"按钮,进入"编辑"模式界面,如图 2-2 所示。"导入"模式可作为在 Premiere 中新建项目、浏览和选择媒体及创建和编辑视频序列的起点。

（2）通过"文件"菜单创建新项目

选择菜单栏中"文件"→"新建"→"项目"命令,进入"导入"模式界面,然后按照(1)中的方法进行操作,新建一个项目。

2. 创建与设置序列

（1）新建序列

创建序列有以下四种方式。

① 选择菜单栏中"文件"→"新建"→"序列"命令,如图 2-17 所示,弹出"新建序列"对话框,如图 2-18 所示,在"序列名称"文本框中可以更改名称,默认为"序列 01",单击"确定"按钮,即可在"项目"面板中创建了一个名为"序列 01"的序列。

② 右击"项目"面板的空白处,在弹出的快捷菜单中选择"新建项目"→"序列"命令,弹出"新建序列"对话框。

③ 单击"项目"面板底部的"新建项"按钮 ，在弹出的列表中选择"序列"命令,弹出"新建序列"对话框。

④ 拖动素材到"时间轴"面板,自动建立以素材名称命名的序列。

图 2-17　"序列"命令

在"新建序列"对话框中,"序列预设"选项卡左边"可用预设"列表框中提供了若干种预先定义的模式,除 DV-NTSC 和 DV-PAL 两种最基本的模式外,还提供了 DV-24P 和 HDV 等几种支持高清视频的模式,另外还有为专门设备(如手机)预置的模式。右边"预设描述"列表框中是选中模式参数的详细说明。由于我国采用的是 PAL 电视制式,所以在新建项目时,一般选择 DV-PAL 制式中的"标准 48kHz"模式,也可以单击"设置"选项卡,更改影片的相关参数,如图 2-19 所示。

● "编辑模式":该选项决定了从"时间轴"面板播放视频时使用的方法,一般选择"DV PAL"。如果想更改视频画面的大小,可以选择"自定义"。

● "时基":表示序列播放素材时单位时间要播放的帧数是多少,对于 PAL 制式,选择 25.00 帧 / 秒。

● "帧大小":以像素为单位,设置输出影视作品画面的长和宽。

● "像素长宽比":指定单个像素的高度与宽度之比,该设置决定了像素的形状,一般情况下选择"D1/DV PAL(1.0940)"选项。

图 2-18 "新建序列"对话框

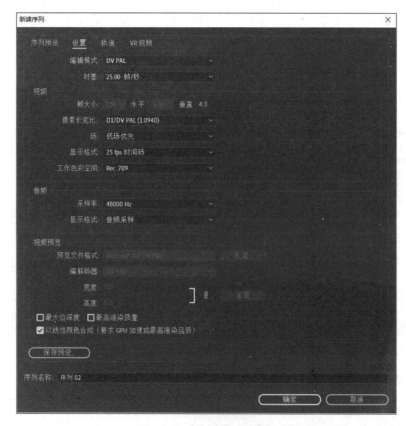

图 2-19 "设置"选项卡

- "场"：该选项用于确定视频的场的优先顺序，有"无场""高场优先"和"低场优先"3 个选项。

- "视频"栏中"显示格式"：设置视频的时间显示格式。

- "采样率"：采样率越大，音频的品质越高。

- "音频"栏中的"显示格式"：设置音频在时间标尺上以音频采样显示还是以毫秒显示。

- "预览文件格式"：设置视频预览时的编码格式。

利用"保存预设"按钮还可以将设置好的参数保存到"序列预设"选项卡中"自定义"项中，以便今后使用。

在"轨道"选项卡中可以设置新建项目的视频和音频的轨道数量。

在"VR 视频"选项卡中可以设置 VR 属性，"投影"默认为"无"，选择"球面投影"，布局可设置为"单像""立体 – 上 / 下"和"立体 – 并排"，设置水平捕捉的视图度数和垂直度数。

（2）自动化素材到"时间轴"面板

① 在"项目"面板中选择要自动添加的素材，如图 2-20 所示。

② 单击"项目"面板底部的"自动化序列"按钮 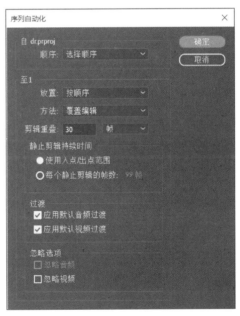，打开"序列自动化"对话框，如图 2-21 所示。

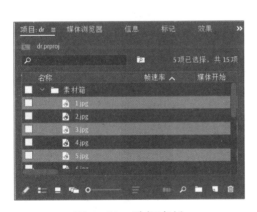

图 2-20　选择素材　　　　图 2-21　"序列自动化"对话框

③ 设置好参数后，单击"确定"按钮开始自动化添加素材，并在素材与素材之间自动添加"交叉溶解"过渡效果，如图 2-22 所示为素材自动添加后的时间轴效果。

（3）修改序列设置

在"项目"面板上选择某一序列，右击，在弹出的快捷菜单中选择"更改序列"命令，可随时修改序列的相关属性参数。有时新建序列后添加剪辑，会出现"剪辑不匹配警告"弹窗信息，如图2-23所示,可以单击"更改序列设置"按钮,软件会自动根据素材调整序列设置,也可以单击"保持现有设置"按钮。

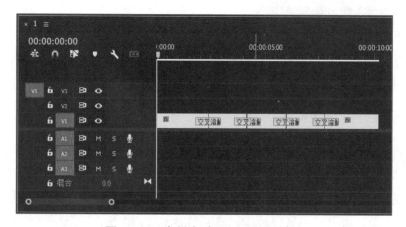

图2-22　素材自动添加后的时间轴

图2-23　"剪辑不匹配警告"弹窗信息

（4）将素材匹配序列

在"时间轴"面板中选择一个或多个素材,右击,在弹出的快捷菜单中选择"缩放为帧大小"或"设为帧大小"命令,如图2-24所示,执行后可以看到,素材已经根据当前序列帧大小进行匹配。两者的区别为:如果选择"缩放为帧大小"选项,原始素材的分辨率会受到影响,如果原始素材的分辨率是4 K,当前序列的分辨率为1 080 P,选择"缩放为帧大小"命令后分辨率降低;如果选择"设为帧大小"命令就不会影响到原始素材,在"效果控件"面板中可以看到"缩放"属性会根据序列大小而变化,以匹配序列帧大小。

3. 保存和打开项目

（1）保存项目

选择菜单"文件"→"保存"命令,或按快捷键Ctrl+S,弹出"保存项目"对话框,并显示保存进度。保存结束后,返回工作界面继续编辑。

如果想把正在编辑的项目用另一个文件名存盘,选择菜单"文件"→"另存为"或"文件"→"保存副本"命令,弹出"保存项目"对话框,选择保存位置,并输入文件名。

图2-24　"缩放为帧大小""设为帧大小"命令

（2）打开项目

选择菜单"文件"→"打开项目"命令，或按快捷键 Ctrl+O，在弹出的"打开项目"对话框中，选择要打开的文件。Premiere 打开源文件需要找到素材文件的存放路径。

如果需要打开最近编辑过的某个项目，可以选择菜单"文件"→"打开最近项目"命令，在级联菜单中选择要打开的文件。

2.2　素材的采集、导入和管理

素材是制作影片的原材料，正确地使用素材是影片制作的基础。

1. 捕捉素材

在影视制作中，除了专业软件直接生成外，很大一部分素材需要通过摄像机、录像机来获取。外部设备拍摄的素材，需要将它们转存到计算机中，这个转存的过程就是捕捉。Premiere 会通过安装在计算机上的数字端口（如 FireWire 或 SDI 端口）捕捉视频，先以文件形式保存到磁盘上，然后再将文件以剪辑形式导入项目中。

（1）捕捉的系统要求

要捕捉数字视频素材，编辑系统需要以下组件。

① 对于可在带有 SDI 或组件输出的设备上播放的 HD 或 SD 素材，需要带有 SDI 或组件输入的支持 HD 或 SD 捕捉卡。

② 对于存储在摄像机中的 HD 或 SD 素材，需要已连接到计算机并能够读取相应媒体的设备。

③ 对于来自模拟源的录制音频，需要带有模拟音频输入的支持音频卡。

④ 适用于要捕捉的素材类型的编解码器（压缩程序／解压缩程序），增效工具软件编解码器可用于导入其他类型的素材，一些捕捉卡内置了硬件编解码器。

⑤ 能够为要捕捉的素材类型维持数据速率的硬盘，且要足够的磁盘空间。

（2）捕获素材的操作步骤

① 将装入录像带的数字摄像机用火线与计算机 IEEE 1394 接口连接。把摄像机调整到放像状态。

② 打开项目窗口，选择"文件"→"捕捉"命令或使用快捷键 F5 打开"捕捉"面板，如图 2-25 所示。

③ 根据所需的选项，选择"录制视频""录制音频"或"录制音频和视频"。

④ 根据需要从"将剪辑记录到"列表中选择一个素材箱。默认情况下，在"将剪辑记录到"字段中选择"项目"面板。

⑤ 根据需要在"剪辑数据"区域中输入信息。此信息会保存在剪辑的元数据中。

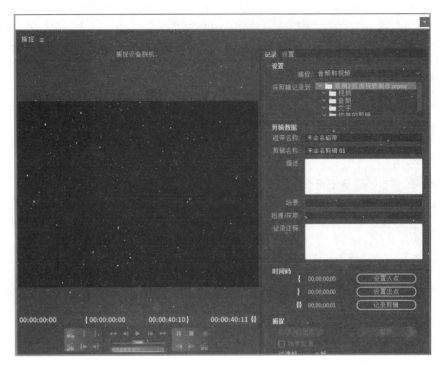

图 2-25 "捕捉"面板

⑥ 在"设置"选项卡的"设备控制"部分,如图 2-26 所示,根据需要设置下列选项:"预卷时间",指示多久之后 Premiere 开始在入点播放磁带进行捕捉;"时间码偏移",指示帧数,用于调整嵌入在所捕捉视频中的时间码,设置此偏移时应使此时间码与源磁带上相同帧的时间码编号一致。

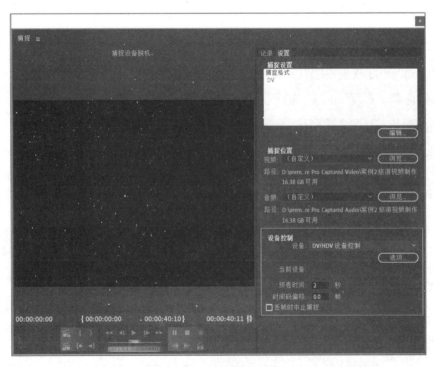

图 2-26 "设置"选项卡

在"设置"选项卡单击"浏览"按钮可以设置捕捉位置,当捕获设置完成后,就可以开始捕获视频了。利用"捕捉"面板中的"播放"按钮可以控制摄像机进行播放,单击"录制"按钮开始采集,再次单击"录制"按钮或按 Esc 键均可停止采集,然后在弹出的对话框中输入文件名,保存即可。

捕捉时可能出现以下提示:

- 脱机:Premiere 找不到设备,需要检查所有连接和设置。
- 已检测到:Premiere 能找到设备,但是无法控制磁带,原因可能是没有插入磁带。
- 在线:Premiere 能找到设备并且可以控制磁带。

2. 导入素材

在 Premiere 中能够导入的素材有视频文件、音频文件及图像文件。

(1) 导入素材的方法

- 从菜单导入:新建或打开一个项目文件后,选择"文件"→"导入"命令,如图 2-27 所示,在弹出的"导入"对话框中选择素材文件,将其导入到"项目"面板中。

- 从"项目"面板导入:右击"项目"面板下半部分的空白处,在弹出的菜单中选择"导入"命令,如图 2-28 所示,或双击"项目"面板下半部分空白处,在弹出的"导入"对话框中选择要导入的素材文件。

图 2-27　从菜单导入素材

图 2-28　从"项目"面板导入素材

● 使用快捷键导入:打开或新建一个项目文件后,按快捷键 Ctrl+I 即可快速打开"导入"对话框,然后就可以查看和导入素材文件了。

(2) 导入各种文件格式

① 导入序列图片。

序列图片就是按一定次序存储的连续图片,把每一张图像连起来就是一段动态的视频。常用的有 PNG、TGA 等,如"Pg001.png""Pg002. png""Pg003. png"……有规律的素材。要导入序列图片,可在"导入"对话框中选中序列图片的第一张,勾选"图像序列"复选框,如图 2-29 所示,再单击"打开"按钮,序列图片就会作为一个".png"视频文件导入到"项目"面板中,如图 2-30 所示。

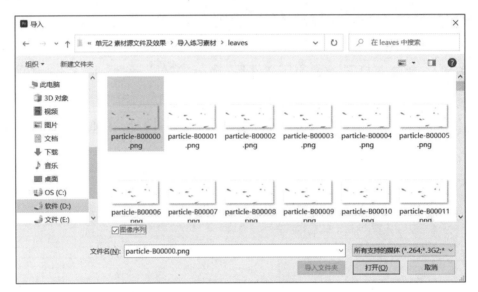

图 2-29 导入序列图片

② 导入 Photoshop 和 Illustrator 格式文件。

Photoshop 和 Illustrator 文件有图像的分层信息,导入这种文件时,可根据需要选择要导入的图层。具体的操作方法:在"导入"对话框中选择 PSD 格式文件,单击"打开"按钮,出现如图 2-31 所示的"导入分层文件"对话框。默认为"合并所有图层",选择此项,PSD 的所有图层

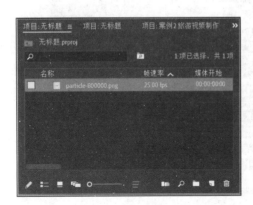

图 2-30 导入序列图片后的"项目"面板

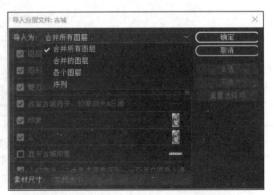

图 2-31 "导入分层文件"对话框

合并为一个素材导入。选择"合并的图层"项,可以自定义要导入的图层,只导入选中的图层且合并为一个图层。选择"各个图层"项,可以自定义要导入的图层,导入后每个图层作为一个独立的素材文件存放在自动生成一个素材箱内。选择"序列"项,导入后每个图层作为一个独立的素材文件存放在自动生成一个素材箱内,同时还生成一个与素材箱名称相同的序列,且每个图层按图层顺序排列在视频轨道上,如图 2-32 所示。

图 2-32　选择序列项

③ 导入文件夹。

若要导入一个文件夹的所有素材文件,不必将其中的素材一一导入,只需要导入该文件夹即可。具体的操作方法:在"导入"对话框中选择要导入的文件夹,然后单击"导入文件夹"按钮,如图 2-7 所示,即可导入文件夹及其中的所有素材。

④ 导入项目文件。

在"导入"对话框中选择要导入的项目文件,导入的项目文件保留原项目的剪辑过程,这样可以导入多个项目,并在原项目基础上进行剪辑,最后汇总项目,有利于完成复杂的剪辑。在导入项目文件时可以导入整个项目,也可根据需要导入项目中的某个序列。

单击"打开"按钮,弹出"导入项目"对话框,如图 2-33 所示。默认"导入整个项目",选择此项,单击"确定"按钮,会出现如图 2-34 所示的"链接媒体"对话框,单击"查找"按钮,找到素材存放路径之后即可把项目的所有序列、素材都导入到"项目"面板中。如果选择"导入所选序列"项,只会导入所选择的序列及其所使用的素材。如果选择"作为项目快捷方式导入"项,会在"项目"面板上创建项目快捷方式。

图 2-33　"导入项目"对话框

3. 管理素材

在制作影片的过程中,要使用视频、音频、图片等素材,有可能造成使用上的混乱,对这些素材进行有序管理就显得非常重要。

(1) 对"项目"面板中的素材重命名

在"项目"面板中选择素材后,单击素材名称,然后输入新的名称;也可以在选择素材后选

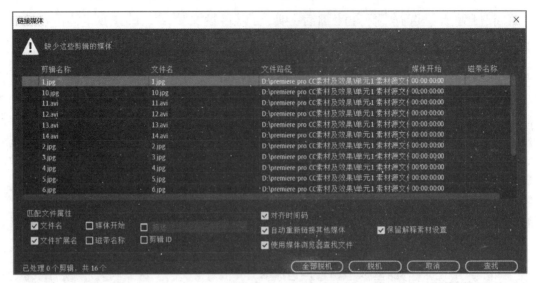

图 2-34 "链接媒体"对话框

择菜单"剪辑"→"重命名"命令,完成同样操作。

(2) 对时间轴上的素材重命名

选择时间轴上的一个素材片段,选择菜单"剪辑"→"重命名"命令,在弹出的"重命名素材"对话框中,输入新的名称后,单击"确定"按钮。

(3) 新建素材箱

可以使用素材箱对不同种类的素材分门别类地进行管理。新建素材箱的方法有以下四种。

① 单击"项目"面板,选择菜单"文件"→"新建"→"素材箱"命令,在"项目"面板中创建了一个名为"素材箱"的素材箱,在文本框中可以更改素材箱的名称,如图 2-35 所示,且在新建素材箱中还可以再建素材箱。

② 右击"项目"面板下半部分的空白处,在弹出的菜单中选择"新建素材箱"命令,可新建一个素材箱。

③ 单击"项目"面板底部的"新建素材箱"按钮 ▤,可新建一个素材箱。

④ 使用快捷键 Ctrt+B,可新建一个素材箱。

(4) 查找素材

当项目中的素材较多时,可以利用"查找"命令查找素材。单击"项目"面板,选择菜单"编辑"→"查找"命令;或单击"项目"面板底部的"查找"按钮 🔍,弹出如图 2-36 所示对话框。

在对话框中需要设置下列各项:

● "列":选择按照素材的哪列信息进行搜索,如标签、名称、媒体类型、帧速率等。

● "查找目标":输入要查找的内容。

● "运算符":选择如何查找素材的筛选条件,如包含、开始于、结束于、精确匹配、不包含等。

● "匹配":选择查找素材的方式。

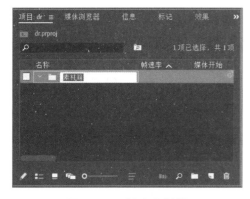

图 2-35　新建素材箱

图 2-36　"查找"对话框

● "区分大小写"：选中该复选框，区分字母的大小写，即同一个字母的大小写是不同的两个字符。

查找素材也可通过"项目"面板中的"过滤素材箱内容"文本框实现，或者使用"项目"面板上的"查找"按钮 实现，如图 2-37 所示。

（5）创建素材

在制作影片时，常常需要倒计时之类的片头，这样的素材可以在"项目"面板中创建。选择菜单"文件"→"新建"命令，如图 2-38 所示，在其级联菜单中选择相应的素材名称；也可以右击"项目"面板下部的空白处，在弹出的菜单中选择"新建项"命令，或单击"项目"面板底部的"新建项"按钮 。

图 2-37　查找文本框

图 2-38　新建素材菜单

● 彩条:彩条用于测试显示设备和声音设备是否处于工作状态。在"新建"命令的级联菜单中选择"彩条"命令,则会弹出"新建色条和色调"对话框,如图 2-39 所示,单击"确定"按钮,即可在"项目"面板中创建一个名为"彩条"的素材,如图 2-40 所示。

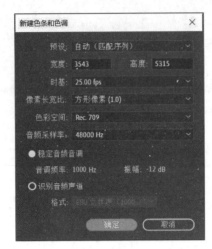

图 2-39 "新建色条和色调"对话框　　图 2-40 "彩条"效果

● 黑场视频:一般应用在两个镜头之间,起过渡作用,通常会调节其"透明度"并为其设置关键帧,产生柔和的过渡效果。

● 颜色遮罩:颜色遮罩主要有两种用途,一是用在整个场景或一个特定区域,使场景外的对象或特定区域外的对象不可见;二是通过选择自定义的颜色来控制某一元件的部分偏色,从而实现一些特殊效果的调整。在"新建"命令的级联菜单中选择"颜色遮罩"命令,弹出如前面图 2-10 所示的"新建颜色遮罩"对话框,单击"确定"按钮,会弹出如前面图 2-11 所示的"拾色器"对话框,用鼠标单击颜色条和颜色板上的颜色,可以选择某种颜色,也可以直接在对话框的右边输入数值来确定颜色,单击"确定"按钮后,在弹出的"选择名称"对话框中输入颜色遮罩的名称,再单击"确定"按钮,即可在"项目"面板中创建一个"颜色遮罩"素材。

● 通用倒计时片头:在"新建项目"命令的级联菜单中选择"通用倒计时片头",弹出"通用倒计时设置"对话框,如图 2-41 所示,设置相关参数后,单击"确定"按钮,即可在"项目"面板中创建一个"通用倒计时片头"素材。

对话框中的参数含义如下。

a."擦除颜色":设置片头倒计时指针顺时针方向旋转之后的颜色。

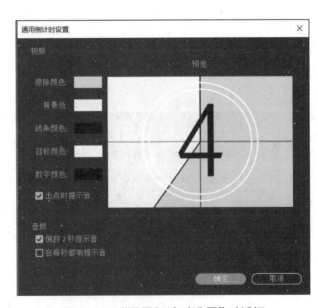

图 2-41 "通用倒计时设置"对话框

　　b. "背景色":设置片头倒计时指针旋转之前的颜色。

　　c. "线条颜色":设置片头倒计时指针和十字线条的颜色。

　　d. "目标颜色":设置片头倒计时圆形的颜色。

　　e. "数字颜色":设置倒计时影片中的数字颜色。

　　f. "出点时提示音":设置倒计时结束时是否响提示音。

　　g. "倒数 2 秒提示音":设置倒计时到 2 秒处是否响提示音。

　　h. "在每秒都响提示音":设置倒计时是否每一秒都有提示音。

　　● 透明视频:主要用途是为了批量添加特效。将其放置在上方轨道中,下方的视频就会被赋予同样的滤镜效果。

4. 项目管理

"项目"面板是素材文件的管理器,进行视频剪辑之前,采集或导入的素材、新建的素材和建立的序列都会存放在"项目"面板上。编辑项目到一定阶段后,为防止随意更改项目,可以单击"项目"面板底部的"项目可写"按钮🖉,切换为"项目只读"按钮🔒,用来锁定项目,项目锁定后针对当前项目的任何操作都视为无效。

5. 项目打包

对于完成了剪辑的项目,选择菜单"文件"→"项目管理"命令,打开"项目管理器"对话框,如图 2-42 所示,默认为"收集文件并复制到新位置",选择合适的"目标路径",单击"确定"按

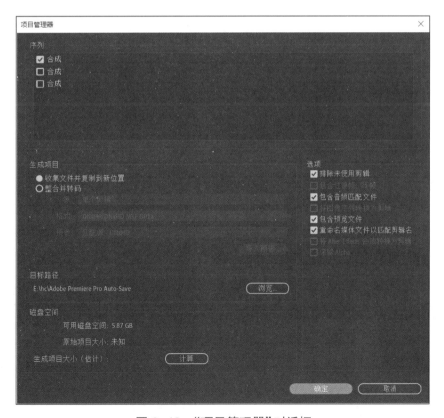

图 2-42　"项目管理器"对话框

钮进行打包,即可将项目文件及素材保存到新路径下。

案例3

精彩的动物世界——组织节目素材

➤ 案例描述

通过制作精彩的动物世界影片,介绍使用 Premiere 编辑视频、音频素材的操作方法和技巧。

➤ 案例解析

在本任务中,需要完成以下操作:

● 新建一个项目,并导入相关素材;

● 利用"解除视音频链接"命令将视频素材的视频与音频分离;

● 在"源"面板中,通过设置"入点"和"出点"选取需要的视频片段。利用各种方法对时间码进行定位;

● 对素材进行复制、粘贴和清除,利用快捷菜单和工具来改变素材的持续时间。

➤ 案例实施

① 启动 Premiere,新建名称为"案例3 精彩的动物世界"的项目文件,新建序列,选择"DV-PAL"→"标准48 kHz"制式。

② 右击"项目"面板的空白处,在弹出的菜单中选择"导入"命令,按住 Ctrl 键,依次选择"鹤.wmv""老虎.wmv""猎豹.wmv""狮子.wmv""水族馆.wmv""野生动物.wmv"六个素材文件,单击"打开"按钮,将素材导入"项目"面板。

③ 将"野生动物"素材拖放到"时间轴"面板的"V1"轨道上。

④ 双击"项目"面板上的"猎豹"素材,在"源"监视器中打开,在时间码处单击并输入"00:00:03:00",单击"标记入点"按钮 ,拖动时间指针,并利用"后退一帧(左侧)"按钮 和"前进一帧(右侧)"按钮 ,将时间指针 定位在"00:00:07:24"处,单击"标记出点"按钮 。将"时间轴"面板的时间指针移动到"00:00:24:15"处,单击"源"面板"插入"按钮 ,此时时间指针自动向后移动,"时间轴"面板如图2-43所示。

图2-43 插入"猎豹"素材后的"时间轴"面板

⑤ 选中"A1"音频轨道上的第一段音频,单击菜单"剪辑"→"重命名"命令,在弹出的"重命名剪辑"对话框中输入"music1. wmv",用同样的方法将第二段音频重命名为"music2. wmv"。

⑥ 将"时间轴"面板的时间指针移动到"00:00:49:05"处,选中"music2. wmv",按住 Shift 键选择后面的"野生动物 . wmv"视频,将它们移动到此处。右击"music1. wmv",在弹出的快捷菜单中选择"复制"命令,将时间指针移动到"00:00:24:15"处,按快捷键 Ctrl+V,将音频粘贴,单击"A1"轨道上的"切换轨道锁定"按钮 🔒,锁定音频轨道,"时间轴"面板如图 2-44 所示。

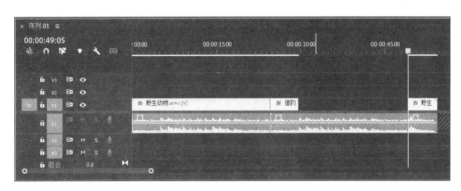

图 2-44　移动复制素材后的"时间轴"面板

⑦ 在"项目"面板上选中"鹤 .wmv"素材,按住 Ctrl 键依次单击"老虎 .wmv""水族馆 .wmv"素材,将其拖放到"时间轴"面板的"V1"轨道上"猎豹 .wmv"素材的后面。右击"水族馆"素材,从弹出的快捷菜单中选择"剪辑速度 / 持续时间"命令,在弹出的对话框中,把持续时间改为"00:00:03:00",如图 2-45 所示。

⑧ 将"时间轴"面板的时间指针移动到"00:00:43:22"处,把"项目"面板上"狮子 .wmv"素材拖放到"时间轴"面板的"V2"轨道上,选择"工具"面板上的"剃刀工具" 🔪,在"00:00:54:16"处单击"狮子 .wmv"素材,右击后半部分,在弹出的快捷菜单中选择"清除"命令,此时的"时间轴"面板如图 2-46 所示。

图 2-45　更改"水族馆"
　　　　 素材持续时间

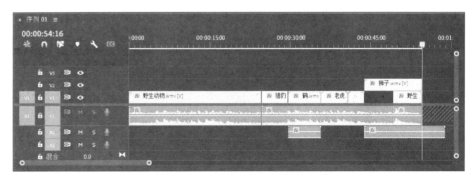

图 2-46　添加"狮子"素材后的"时间轴"面板

⑨ 选择"工具"面板上的"比率伸缩工具"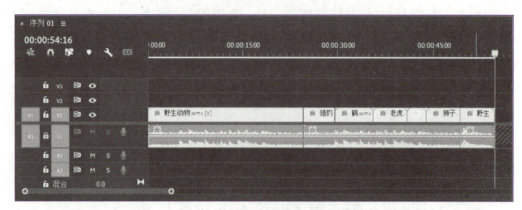，将光标移到"狮子.wmv"素材的末端，拖动鼠标至后一段"野生动物.wmv"的入点处，并将其移动到"水族馆"和后一段"野生动物"之间，选中"A2"轨道上的音频，按 Delete 键删除，最终的"时间轴"面板如图 2-47 所示。

图 2-47　最终的"时间轴"面板

⑩ 单击"节目"监视器上的"播放—停止切换"按钮▶，观看影片。

2.3　组织视频素材

1. 用"源"监视器剪辑素材

在制作影片时，Premiere 允许对素材进行随意剪切。可以使用"源"监视器对视、音频素材进行剪辑。

（1）认识"源"监视器

在"项目"面板双击需要查看的素材即可以在"源"监视器中预览素材的内容，使用播放工具栏对素材进行播放控制，在"源"监视器中可以通过单击上方素材名称或后面的按钮，在弹出的下拉菜单中可以显示已经在"源"监视器中预览过的素材，如图 2-48 所示，只要单击素材的名称就可以进行快速预览。

单击"源"监视器面板右下角的"按钮编辑器"按钮，弹出"按钮编辑器"面板，如图 2-49 所示，此时可以重新设置按钮的布局。选择需要的按钮将其拖曳到下方蓝线按钮区域内，保存为个性化工具栏，如果想要恢复系统设置的工具栏，单击"重置布局"按钮即可。

• "标记入点"按钮：单击该按钮，可将时间指针所在位置设定为素材的入点，按住 Alt 键的同时单击该按钮，则可清除入点。

• "标记出点"按钮：单击该按钮，可将时间指针所在位置设定为素材的出点，按住 Alt 键的同时单击该按钮，则可清除出点。

• "清除入点"按钮：单击该按钮，可将设置的素材入点清除，入点改为素材片段的第一帧位置。

图 2-48　在"源"监视器预览素材

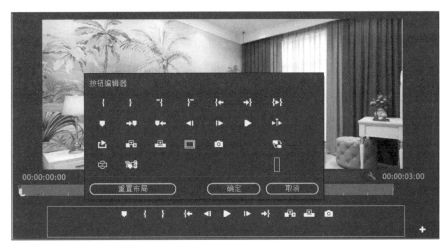

图 2-49　"按钮编辑器"面板

- "清除出点"按钮 ：单击该按钮，可将设置的素材出点清除，出点改为素材片段的最后一帧位置。
- "转到入点"按钮 ：单击该按钮，时间指针快速定位到入点处。
- "转到出点"按钮 ：单击该按钮，时间指针快速定位到出点处。
- "从入点到出点播放视频"按钮 ：单击该按钮，可播放从入点到出点之间的素材片段。
- "添加标记"按钮 ：单击该按钮，在当前时间指针所在位置设定一个无编号标记。
- "转到下一标记"按钮 ：单击该按钮，时间指针快速定位到下一个标记处。
- "转到上一标记"按钮 ：单击该按钮，时间指针快速定位到上一个标记处。
- "后退一帧（左侧）"按钮 ：每单击一次按钮，播放画面向后退一帧。
- "前进一帧（右侧）"按钮 ：每单击一次按钮，播放画面向前进一帧。

● "播放—停止切换"按钮 ▶ (快捷键为空格键):当按下按钮时,按钮图标将自动切换为"停止"按钮状态,并从当前位置开始播放。

● "播放临近区域"按钮 ▶ (快捷键为 Shift+K):单击该按钮,从时间指针位置开始播放,播放长度为素材入点到出点的长度。

● "循环播放"按钮 ▣ :当该按钮为激活状态时,在播放过程中将循环播放素材。

● "插入"按钮 ▣ (快捷键为,):单击该按钮,可以将从入点到出点的素材插入到"时间轴"面板中所选轨道的时间指针处,插入点右边的视频向后移。

● "覆盖"按钮 ▣ (快捷键为.):单击该按钮,从入点到出点的素材覆盖到"时间轴"面板中所选轨道的时间指针处,若当前位置上有素材,会覆盖该素材。

● "安全边距"按钮 ▣ :单击该按钮,监视器将显示一个矩形框,表示制作画面或字幕的安全区域。

● "导出帧"按钮 ▣ (快捷键为 Ctrl+Shift+E):单击该按钮,可以快速导出当前时间轴的一帧,即可导出一张图片。

在"节目"监视器面板中:

● "提升"按钮 ▣ :单击该按钮,删除"时间轴"面板轨道中使用"节目"面板设定的入点和出点之间的素材片段,删除部分用空白填补,后面的素材片段位置不发生变化。

● "提取"按钮 ▣ :单击该按钮,删除"时间轴"面板轨道中使用"节目"面板设定的入点和出点之间的素材片段,后面的素材片段自动前移,填补删除素材片段的位置。

(2) 在"源"监视器面板中打开素材

默认情况下,"源"监视器面板中没有素材可显示,可以用以下方法将素材添加到"源"监视器面板中进行剪辑。

● 双击法:在"项目"面板中双击需要剪辑的素材,即可在"源"监视器面板中出现素材的预览画面,如图 2-50 所示。

图 2-50　在"源"监视器面板预览素材

● 拖动法:在"项目"面板中选中需要剪辑的素材后,按住鼠标左键,将其拖动到"源"监视器面板中,当鼠标指针变为手形时,松开鼠标按键即可。

● 右击法:在"项目"面板中右击需要剪辑的素材,从出现的快捷菜单中选择"在源监视器中打开"命令即可。

(3) 剪辑素材并添加到"时间轴"面板中

① 在"源"监视器面板中打开要剪辑的素材。

② 拖动时间指针 ■ 找到素材的入点,单击"标记入点"按钮 ■(或按 I 键);拖动时间指针找到素材的出点,单击"标记出点"按钮 ■(或按 O 键)。按住 Alt 键单击"标记入点"按钮 ■ 或单击"标记出点"按钮 ■,可以删除入点或出点,重新进行选择。

③ 单击"从入点到出点播放视频"按钮 ■ 预览,如果不满意可以重新设置。

④ 要将剪辑的素材添加到时间轴上,首先把时间指针移动到要插入素材的位置,然后单击"插入"按钮 ■ 或"覆盖"按钮 ■,可将剪切的素材添加到时间轴上。用鼠标拖拉"源"监视器面板中的显示窗口到"时间轴"面板的相应轨道上,也可以将剪切的素材添加到时间轴上。

2. 添加素材到"时间轴"面板

(1) 认识"时间轴"面板

"时间轴"面板是 Premiere 的主要工作区之一,很多工作都是在这个面板中完成的,每个序列都有自己的时间轴,时间轴的长度表示序列的持续时间,以水平方向显示,从左到右表示时间的流逝。

● "播放指示器" ■:俗称时间指针,本书中统一称为时间指针。在"时间轴"面板上左右拖曳时间指针,可以在"节目"监视器中预览素材的内容。"源"监视器和"节目"监视器中的指针用途一样。

● "播放指示器位置" ■:俗称时间码,即时间指针所在位置的时间值。单击时间码可以更改时间值,更改后时间指针会直接跳转到相应的时间点;光标移动到时间码上,左右拖曳也可以更改时间值,时间指针会随着时间值的改变而移动。

● "时间标尺":显示时间的刻度,右击时间标尺,在弹出的快捷菜单中可以选择是否显示时间标尺数字或者音频时间单位。"时间标尺"的下方有实时渲染状态指示条,不同的颜色代表实时渲染的完成进度。绿色表示已经渲染部分,可以实时预览项目。黄色表示未渲染部分,但不需要渲染即可实时预览项目。红色表示未渲染部分,需要渲染后才能实时预览项目。

● "时间标尺刻度缩放":滚动鼠标滚轮或左右拖曳水平滚动条,或者使用"手形工具" ■,可以前后移动查看时间标尺刻度,便于观察剪辑的前后情况;拖动滚动条两侧端点,或者使用"缩放工具" ■,可以缩放时间标尺刻度,便于观察剪辑的整体和细节。按住 Alt 键的同时滚动滚轮,或者双击滚动条,可以展示当前窗口下时间标尺的最大时间刻度范围。

● "将序列作为嵌套或个别剪辑插入并覆盖" ■:激活状态下,从"项目"面板中将某序列添加到当前序列时,会以完整序列的形式嵌套进来;取消激活状态 ,则会以素材剪辑的形式添加到当前序列。

- "在时间轴中对齐"按钮 █:蓝色处于激活状态,调整轨道上的素材时,自动吸附到序列中的剪辑点上。

- "链接选择项"按钮 ██:处于蓝色状态时,把视频素材拖到时间轴上,默认视频和音频是链接在一起的。处于白色状态 ██ 时,把视频素材拖到时间轴上,视频和音频是分离的。

- "添加标记"按钮 █:标记其实就是为了方便编辑者在做大型项目的时候,给某个片段添加标记注释,说明该段素材该怎么处理。在编辑视频素材时,将时间指针移动到需要添加标记的位置,单击该按钮就可以添加标记,双击已添加的标记即可打开"标记 @ 时间码"对话框进行标记命名和注释,如图 2-51 所示。

- "时间轴显示设置"按钮 █:单击该按钮会弹出如图 2-52 所示的快捷菜单,可设置时间轴选项的显示与不显示。

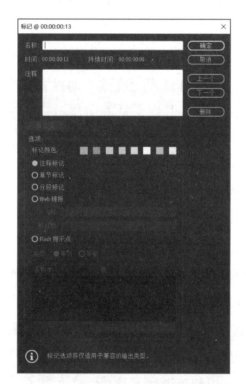

图 2-51 "标记 @ 时间码"对话框 图 2-52 "时间轴显示设置"快捷菜单

- "字幕轨道选项" ██:专门存放字幕的轨道,单击可以改变显示字幕轨道的方式。

时间标尺下面是视频和音频轨道,用于放置和编辑视频和音频素材。在每条轨道的左侧有若干个控制开关。

- "对插入和覆盖进行源修补" █:可以控制向时间轴中插入素材时的轨道位置。

- "切换轨道锁定"按钮 █:单击该按钮,会变为锁定状态 █,该轨道上的素材将不能被编辑。

- "以此轨道为目标切换轨道" ：可以控制在轨道中粘贴素材时，素材的生成位置。

- "切换轨道输出"按钮 ：单击该按钮，会变为不显示状态 ，该轨道上视频素材在监视器中不可见。

- "切换同步锁定"按钮 ：当多个轨道被同步锁定时，执行一个操作后，多个轨道都会受到影响。

- "静音轨道"按钮 ：单击该按钮，显示绿色底的按钮 ，该轨道上的音频素材被静音。

- "独奏轨道"按钮 ：单击该按钮，显示黄色底的按钮 ，只播放该轨道的音频，其他轨道的音频全部静音。

- "时间轴"面板菜单按钮 ：位于"时间轴"面板序列名称后，单击此按钮，弹出如图 2-53 所示的菜单，在每个面板的右上角都有这样的一个菜单按钮。

（2）添加素材到"时间轴"面板的方法

① 在"项目"面板上选中素材，右击，在弹出的快捷菜单中选择"插入"命令（或按快捷键），或者"覆盖"命令（或按快捷键 .），如图 2-54 所示，选中的素材以指针所在位置为起点。

图 2-53　"时间轴"面板菜单　　　图 2-54　"项目"面板快捷菜单

② 在"项目"面板上选中要添加素材,拖曳至轨道的任意位置。

③ 从"源"监视器手动拖曳素材添加到"时间轴"面板。在"源"监视器的画面中,按住鼠标左键不放,向下拖动到"时间轴"面板,释放鼠标即可把选择的素材添加到"时间轴"面板指定的位置。

④ 在"项目"面板上选中要添加素材,直接拖曳到"节目"监视器,在相应区域释放即可,如图 2-55 所示。

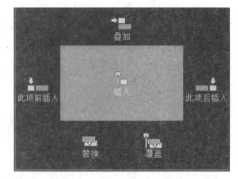

图 2-55 "节目"监视器添加素材

• "此项前插入":在当前轨道的时间指针所在位置前插入素材。

• "此项后插入":在当前轨道的时间指针所在位置后插入素材。

• "插入":在当前轨道的时间指针所在位置插入素材。

• "叠加":若当前轨道时间指针所在位置上方有空闲轨道时,将所选素材插入到时间指针所在位置的上方轨道中;若无空闲轨道,则新建轨道,并在时间指针所在位置插入素材。

• "替换":替换当前轨道时间指针所在位置的素材。

• "覆盖":覆盖当前轨道时间指针所在位置的素材。

(3) Ctrl、Shift、Alt 键作用

① 在"项目"面板上选中要添加素材,按住 Ctrl 键的同时将其拖曳至"V2"轨道,入点为"V1"轨道的两个视频中间,如图 2-56 所示,在当前时间点插入素材,所有素材同步向右移动。

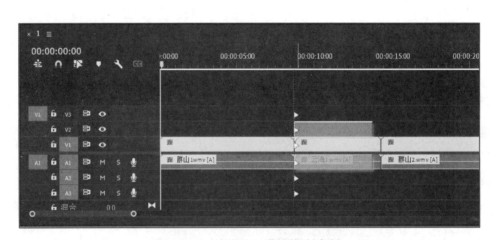

图 2-56 按住"Ctrl"键拖曳素材

② 在"项目"面板上选中要添加素材,按住 Alt 键的同时将其拖曳至轨道的任意素材上,将替换原来的素材。

③ 在"项目"面板上选中要添加素材,按住 Shift 键在"项目"面板上选中要添加素材将其拖曳

至"时间轴"任意轨道上,如图 2-57 所示,只能放在轨道的开始处,会覆盖掉轨道上原来的素材。

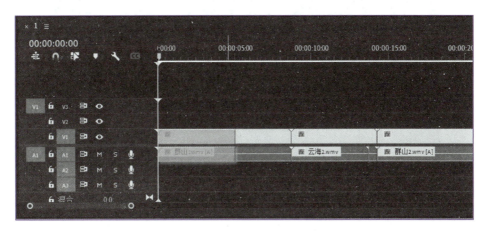

图 2-57   按住 Shift 键拖曳素材

提示:

• 在"项目"面板上,按住 Ctrl 键可以选择多个不连续的素材添加到轨道时;选择第一个素材,按住 Shift 键选择最后一个素材,可以选择连续的素材添加到轨道。选择的顺序会直接影响它们在轨道上的排列顺序。例如选择的顺序是视频 1、视频 2、视频 3,那么添加到轨道后,从左到右的排列顺序为视频 1、视频 2、视频 3。

• 使用快捷键必须保证在英文状态下,中文状态下会显示输入字符。

(4) 为素材添加标签

在轨道上可以为素材添加不同的标签。选择已添加到轨道中的素材,右击,在弹出的快捷菜单中单击"标签"选项,可以看到不同的颜色标签,如图 2-58 所示。在轨道上为多个素材添加标签,如图 2-59 所示。标签的作用是对轨道上的素材进行分类,选择"V1"轨道中的"群山 1.wmv",右击,选择"标签"选项下"选择标签组"选项,可以同时选中序列中所有同标签的素材。

(5) 音视频轨道的基本管理

启动 Premiere 时,在"时间轴"面板上默认有 3 条视频轨道、3 条音频轨道和 1 条主音轨道,可以根据需要增加或删除轨道,最多增加到 99 条轨道。

• 添加轨道:右击"时间轴"面板上轨道区域,

图 2-58   "标签"选项

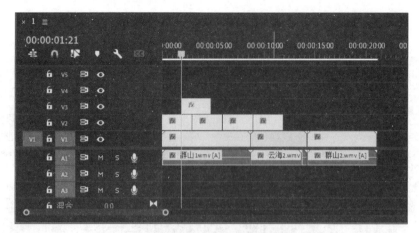

图 2-59　为多个素材添加标签

在弹出的菜单中选择"添加单个轨道"命令,即可以在视频轨道的最上面添加一个新视频轨道,选择"添加轨道"命令,弹出"添加轨道"对话框,设置新增轨道的数量和放置的位置,如图 2-60 所示,单击"确定"按钮,即可添加设置的新轨道。

　　● 删除轨道:对于"时间轴"面板上的空闲轨道或不需要的轨道可以删除掉。右击"时间轴"面板轨道名称部分,在弹出的菜单中选择"删除轨道"命令,弹出"删除轨道"对话框,如图 2-61 所示。在对话框中选中要删除轨道对应的复选框,默认删除全部空闲轨道,若只删除被选中的轨道,则单击下拉按钮,选择"目标轨",然后单击"确定"按钮。

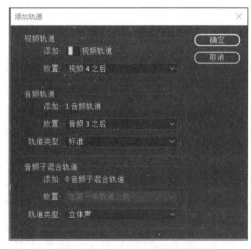

图 2-60　"添加轨道"对话框

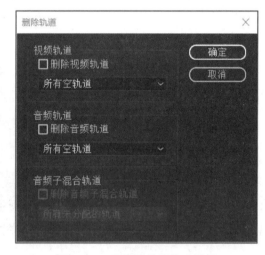

图 2-61　"删除轨道"对话框

　　● 轨道视图:按住 Shift 键,在轨道空白处滚动鼠标滚轮可以放大或缩小所有轨道的高度;按住 Alt 键,在轨道空白处滚动鼠标滚轮可以放大或缩小光标所在轨道的高度。

　　(6) 三点编辑和四点编辑

　　三点编辑和四点编辑是传统剪辑的基本技巧,"三点"和"四点"是指入点和出点的个数。

三点编辑使用"源"监视器和"时间轴"面板设置入点和出点,根据素材编辑需要为素材和序列设置三个点,使用"插入"或"覆盖"按钮添加到指定的轨道上。四点编辑使用"源"监视器设置入点和出点,如图 2-62 所示,使用"节目"监视器上的"标记入点"按钮和"标记出点"按钮在"时间轴"面板设置将要添加素材的入点和出点,如图 2-63 所示,共有四个点,来剪辑、组接素材。

图 2-62　"源"监视器设置入点和出点

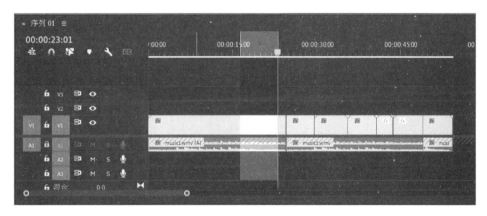

图 2-63　"时间轴"面板设置入点和出点

　　设置好四个点后,单击"源"监视器上的"插入"或"覆盖"按钮,弹出"适合剪辑"对话框,如图 2-64 所示。

　　●"更改剪辑速度(适合填充)":选择此选项,素材将改变自身的速度,以时间轴上指定的长度为标准压缩素材,以充分匹配时间轴长度的方式插入。

　　●"忽略源入点":选择此选项,素材将以出点为基准与时间轴出点对齐,对超出时间轴长度的入点部分进行修剪。

● "忽略源出点":选择此选项,素材将以入点为基准与时间轴入点对齐,对超出时间轴长度的出点部分进行修剪。

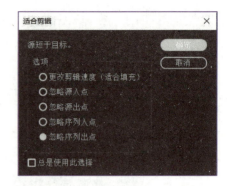

● "忽略序列入点":选择此选项,素材将以时间轴出点为基准,忽略入点,将素材的出、入点之间的片段全部插入到时间轴上。选择"插入"方式时,可能将前邻素材分成两部分,选择"覆盖"方式时,将前邻素材覆盖。

图 2-64 "适合剪辑"对话框

● "忽略序列出点":选择此选项,素材将以时间轴入点为基准,忽略出点,将素材的出、入点之间的片段全部插入到时间轴上。选择"插入"方式时,可能将后邻素材后移,选择"覆盖"方式时,可能将后邻素材覆盖。

案例4

青春献礼　强国有我——整理节目素材

▶ 案例描述

通过制作精彩的中国青年影片,介绍"工具"面板上部分工具的使用和在"时间轴"面板上进行剪辑的技巧和方法。

▶ 案例解析

在本任务中,需要完成以下操作:

● 新建一个项目和序列,导入相关素材;

● 使用"剃刀工具"和"重新混合工具"剪辑混合音频;

● 添加、使用标记,对音频素材进行剪辑;

● 利用"文字工具"输入文字,使用"选择工具"调整文字的大小和位置。

▶ 案例实施

① 启动 Premiere,打开"主页"界面,单击"新建项目"按钮,进入"导入"模式界面,在"项目名"文本框中输入"案例4　青春献礼　强国有我",通过"项目位置"下拉列表框选择项目保存的位置。单击"创建"按钮,进入"编辑"模式界面。

② 单击"项目"面板上的"新建项"按钮 ■,在弹出的快捷菜单中选择"序列"选项,弹出"新建序列"对话框,选择"设置"选项卡,将"编辑模式"设置为"自定义","帧大小"设置为 1920(水平)×1080(垂直),如图 2-65 所示,单击"确定"按钮,进入"编辑"模式界面。

③ 按快捷键 Ctrl+I,打开"导入"对话框,选择 Media 文件夹,单击"导入文件夹"按钮,将

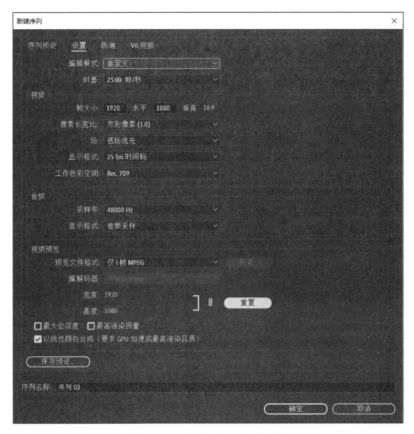

图 2-65　"新建序列"对话框

素材导入"项目"面板。

④ 当"时间轴"面板上"链接选择项"处于蓝色状态 时，在"项目"面板上选择 Media 文件夹中"片头 .mp4"素材，按住 Ctrl 依次选中"镜头 1.mp4"~"镜头 5.mp4"，拖放到"时间轴"面板的"V1"轨道上，使用"工具"面板上的"向前选择轨道选择工具" 在"V1"轨道上单击"片头 .mp4"素材，右击选中的素材，在弹出的快捷菜单中，选择"取消链接"命令，使用"选择工具"按住 Shift 选择"A1"轨道上的音频，选择菜单"编辑"→"清除"命令，将音频部分删除，"时间轴"面板如图 2-66 所示。

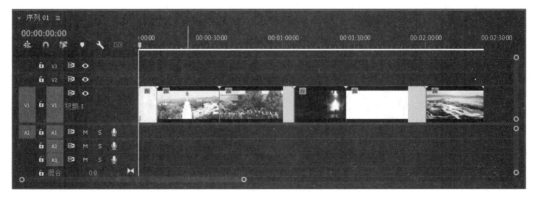

图 2-66　添加编辑素材后的"时间轴"面板

提示：

当"时间轴"面板上"链接选择项"处于白色状态 时，拖到"时间轴"上的视频和音频是分离的。

⑤ 将"项目"面板上的"music.mp3"素材拖放到"A1"轨道上，在"播放指示器位置"处单击，输入"120.18"，将"时间指针"定位到"00:02:00:18"处，选择"工具"面板上的"剃刀工具"（或按 C 键），在音频"A1"轨道上单击，将"music.mp3"剪切成两段，选择"工具"面板上的"选择工具"（或按 V 键），右击第二段"music.mp3"，在弹出的快捷菜单中选择"清除"命令，将其删除，"时间轴"面板如图 2-67 所示。

图 2-67　添加剪切音频素材后的"时间轴"面板

⑥ 选择"工具"面板上的"重新混合工具" ♫（或按 B 键），将时间指针定位到"00:02:25:02"（即 2 分 25 秒 2 帧）处，在"music.mp3"出点处按住鼠标左键向左拖动到此处，松开鼠标。

⑦ 将时间指针移动到"00:00:28:04"处，将"项目"面板上选中"jianghua.mp3"素材拖放到"A2"轨道上。将时间指针移动到"00:00:33:21"处，单击"添加标记"按钮 ▼，添加标记；选择"工具"面板上的"剃刀工具"（或按 C 键），在标记点处"jianghua.mp3"素材上单击，将"jianghua.mp3"剪切成两段，将前一段的删除，"时间轴"面板如图 2-68 所示。

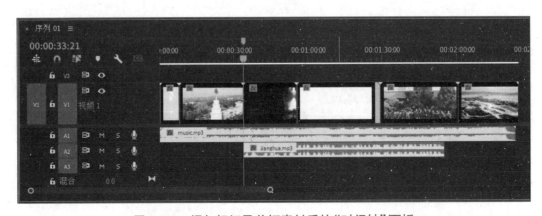

图 2-68　添加标记及剪切素材后的"时间轴"面板

⑧ 将时间指针定位到"00:00:08:00",选择"工具"面板上的"文字工具" （或按 T 键），在"节目"监视器上输入文字"什么样才是青春"，使用"选择工具"调整文字的大小和位置，效果如图 2-69 所示。

图 2-69　使用"文字工具"输入文字

⑨ 定位时间指针，依次输入"不负信仰和热爱""愿千帆历尽　仍步履不停""新时代的中国青年便是那一束光"，最终的"时间轴"面板如图 2-70 所示。

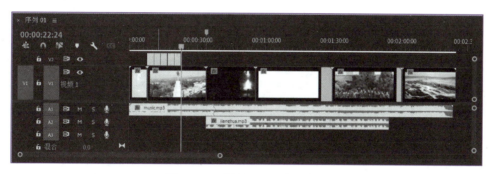

图 2-70　最终"时间轴"面板

⑩ 将时间指针移动到"00:00:00:00"处，单击"节目"监视器上的"播放—停止切换"按钮 ▶，预览影片。单击"文件"→"保存"命令，保存项目。

2.4　整理视频素材

1. 工具的使用

（1）选择工具

"选择工具" ▶:快捷键为 V，用于选择、移动序列上的素材片段。

• 选择单个素材:选择"工具"面板上的"选择工具"，一般默认即为"选择工具"，单击轨道上的素材缩略图即可选中该素材。

• 选择不连续的多个素材:按住 Shift 键的同时单击"时间轴"面板上需要选择的素材即可选中不连续的多个素材。

- 框选法选择多个连续的素材：在"时间轴"面板中拖动鼠标，拖出一个选择框，凡是选择框接触到的素材都将被选中。

- 取消选择：在时间轴的空白处单击即可。

- 删除素材：对于项目中不需要的素材可以将其删除。在"项目"面板中选择需要删除的素材，按 Delete 键即可，或选择菜单"编辑"→"清除"命令，也可删除所选素材。

- 波纹删除：单击"时间轴"面板上需要删除的素材，选择菜单"编辑"→"波纹删除"命令，或右击"时间轴"面板上需要删除的素材，选择"波纹删除"命令，可删除该素材，其后的素材自动向前移动。

- 编辑素材：选择"选择工具"，将鼠标指针放在素材之间，按住拖动，可以移动素材到指定位置。将鼠标指针放在序列中要缩短或延长的某个素材片段的入点或出点处，按住鼠标左键拖动鼠标，可以缩短或延长素材的长度。

（2）轨道选择工具组

"工具"面板中有两个轨道选择工具，分别是"向前选择轨道工具" ![图标](快捷键为 A) 和"向后选择轨道工具" ![图标](快捷键为 Shift+A)，用于选择轨道素材片段，可以对目标素材之前和之后的所有素材进行选择，如图 2-71 所示。

图 2-71　使用"向前选择轨道工具"效果

（3）波纹编辑工具组

- "波纹编辑工具" ![图标]：快捷键为 B，在两段素材的连接处，鼠标指针变成带左右箭头的黄色中括号式指向箭头，按住鼠标左键并水平拖动，改变其中一个素材的入点或出点，可调节素材的长度。

- "滚动编辑工具" ![图标]：快捷键为 N，此工具用于改变相邻两素材的持续时间。选择该工具，将鼠标指针移向同一轨道中的两个相邻素材的衔接处，向左拖动，左边素材的持续时间缩短，右边素材的持续时间增加；向右拖动，左边素材的持续时间增加，右边素材的持续时间缩短，影片的总时长不变。

- "比率拉伸工具" ![图标]：快捷键为 R，用于改变所选素材的速度。选择要编辑的素材，将鼠标指针移到素材的前端或末端,拖动鼠标。如果素材的时长增加,则播放速度变慢,反之,如果素材的时长减少,则播放速度变快,并且不改变其他素材的位置。如果素材的左右两边都没有空余的轨道空间,则不能改变播放速度。

● "重新混合工具" 🎵 :分析音乐中的模式和动态,以创建与需要的持续时间相匹配的新编排,并自动添加剪切和交叉淡化过渡效果,选择该工具在时间轴中音频的边缘处拖动。

(4) 剃刀工具

● "剃刀工具" ◆ :快捷键为 C,用于分割素材,在素材上单击一次可将这个素材分为两段,产生新的入点和出点。配合 Shift 键可以剪断在时间点上的全部轨道的素材,配合 Alt 键可以忽略链接而单独剪辑视频或音频。

(5) 滑动工具

● "外滑工具" ⬌ :快捷键为 Y,对素材内容调整,用于三段以上素材的剪辑,它可以同时改变某个素材片段的入点和出点,但不改变其在轨道中的位置,保持该素材入点和出点之间的长度不变,且不影响序列中其他素材的长度。使用"外滑工具"在轨道的某个片段中拖动,被拖动素材的入点和出点以相同帧数改变。

● "内滑工具" ✛ :快捷键为 U,对素材位置挪动调整,用于三段以上素材的剪辑,它是在保持某一素材的入点与出点不变、长度不变的情况下,改变该素材片段在序列中的位置的剪辑方法,但不改变其在轨道中的位置。使用"内滑工具"放在轨道的某个片段中拖动,被拖动素材的出入点及长度不变化,而前一相邻素材的出点与后一相邻素材的入点随之发生变化。

(6) 钢笔工具

● "钢笔工具" ✎ :快捷键为 P,选择"钢笔工具"在"节目"监视器中绘制形状,会在序列中时间指针所在时间点处新建一个层。

(7) 矩形工具组

● "矩形工具" ▣ :选择"矩形工具"在"节目"监视器中拖曳绘制四边形,会在序列中时间指针所在时间点处的空轨道上新建一个层,按住 Shift 键可以绘制正方形,在"效果控件"面板中可设置矩形的大小、位置和透明度等。

● "椭圆工具" ◉ :用法与"矩形工具"相同。

● "多边形工具" ⬡ :用法与"矩形工具"相同。

(8) 手形工具

● "手形工具" ✋ :快捷键为 H,该工具可以左右平移时间轴轨道。

● "缩放工具" 🔍 :快捷键为 Z,可以放大或缩小"时间轴"面板的时间单位。选中该工具在"时间轴"面板上单击,可放大对素材的显示,按住 Alt 键,则会缩小对素材的显示。

(9) 文字工具

● "文字工具" T :选择"文字工具"在"节目"监视器中单击并输入文字,会在序列中新建一个层,在"效果控件"面板中可设置文字的字体、大小、颜色、对齐方式等属性。

- "垂直文字工具" **IT**:用法与"文字工具"相同。

2. 素材的整理

(1) 复制素材

可以利用剪贴板对素材进行复制与移动,也可以复制素材的属性。

- 复制素材:在"时间轴"面板中单击要复制的素材片段,然后选择"编辑"→"复制"命令(或按快捷键 Ctrl+C),再单击要复制到的轨道,并将时间指针拖到要复制的位置,选择"编辑"→"粘贴"命令(或按快捷键 Ctrl+V)即可。若选择"编辑"→"粘贴插入"命令(或按快捷键 Ctrl+Shift+V),则将素材插入到被选轨道时间指针的位置,并且将轨道上的其他素材从时间指针处分为两段,如图 2-72 所示。

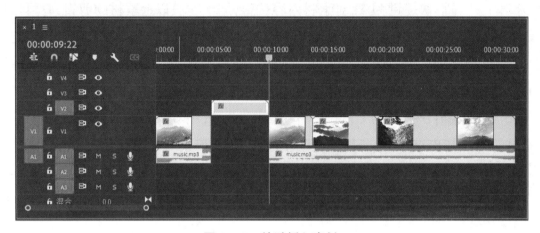

图 2-72 粘贴插入素材

- 复制素材属性:可以将一个素材的所有属性复制到另一个素材上。在"时间轴"面板中单击某段素材,选择"编辑"→"复制"命令,然后单击要粘贴属性的素材,选择"编辑"→"粘贴属性"命令即可。

另外,也可以将一个素材的特效复制到另一个素材上。首先在"时间轴"面板上单击设置了特效的素材片段,在"效果控件"面板中单击要复制的特效,选择"编辑"→"复制"命令,然后在"时间轴"面板中单击要粘贴特效的素材,选择"编辑"→"粘贴"命令。

(2) 移动素材

选中时间轴上的素材用鼠标左右拖曳,可以移动素材。

- 按 Alt+ 左 / 右方向键可以实现微调,每次移动一帧;按 Shift+Alt+ 左 / 右方向键可以一次移动 5 帧。
- 选中素材后用鼠标上下拖曳,可以在不同轨道间移动素材,快捷键按 Alt+ 上 / 下方向键。
- 按住 Shift 键的同时移动素材,素材只能在当前时间点上下变换轨道。
- 按住 Ctrl+Shift 键的同时左右移动剪辑,剪辑只能在当前轨道左右移动。

（3）标记素材

标记用于标注重要的编辑位置。添加标记可以方便以后在标记点处添加和修改素材,也可以使用标记快速对齐素材。

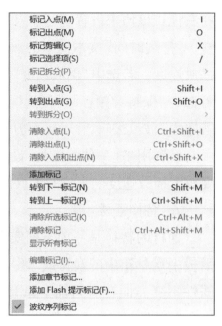

图 2-73　"添加标记"菜单

• 添加标记:在"源"和"节目"监视器中单击"添加标记"按钮 可以为素材设置标记点,方便对素材的裁剪,并可拖拽调整标记点的位置。在时间轴标尺中添加标记:首先将时间指针拖动到需要添加标记的位置,选择"标记"→"添加标记"命令,如图 2-73 所示,或单击"时间轴"面板上的"添加标记"按钮,则在"时间轴"面板的时间标尺上添加一个标记。如果选中轨道上的素材,则是在素材上添加标记。

• 设置标记:双击标记,或者右击标记,选择"编辑标记"命令,可以编辑标记的属性,如图 2-52 所示,此处不再赘述。

• 使用标记:在设置完成标记后,可以快速地跳转到某个标记位置或通过标记使素材对齐。查找标记点时,先选择菜单"标记"→"到下一标记"命令,或者右击,在弹出的菜单中选择"到下一标记",可将时间指针跳转到右侧的下一个序列标记点位置。选择"到上一标记",可将时间指针跳转到右侧的上一个序列标记点位置。

• 删除标记:如果需要删除单个标记点,首先需要将时间指针移动到该标记处,选择菜单"标记"→"清除当前标记"命令,或者在时间标尺上右击,在弹出的菜单中选择"清除当前标记"命令进行删除。选择"清除所有标记"命令可以删除所有的标记。

（4）编组素材

将多个素材进行编组,编组后的素材可以作为一个整体来操作,如选择、移动、复制、删除等。

• 编组:在"时间轴"面板上先选择一个素材,然后按住 Shift 键选择要编组的其他素材,选择菜单"剪辑"→"编组"命令,或右击素材,在弹出的快捷菜单中选择"编组"命令。

• 解组:要取消素材的编组,只要选择被编组的素材,选择菜单"剪辑"→"解组"命令,或右击素材,在弹出的快捷菜单中选择"解组"命令。

（5）调整素材播放速度

在编辑影片时为了某些特殊效果,需要改变素材的播放速度,如"慢镜头"便是通过降低回放速度来实现的。设置素材的速度和长度方法如下。

• 利用命令设置:单击"时间轴"面板或"源"监视器中要改变速度的素材,选择菜单"剪辑"→"速度 / 持续时间"命令,弹出如图 2-74 所示的对话框。在"速度"文本框中,100% 表示正常速度,可以单击该值后输入需要设置的数值,或用鼠标

图 2-74　"剪辑速度 / 持续时间"

左右拖拉该值来设置。若输入一个比 100% 大的值,则素材的播放速度加快,否则播放速度放慢。"持续时间"文本框中的数值表示素材播放的总长度,也可以通过改变该值来改变素材的播放速度。若选中"倒放速度"复选框,则素材将倒放,即素材的入点变为出点,出点变为入点。若选中"保持音频音调"复选框,则当改变素材的播放速度后,音频的播放能保持原有的音调。若选中"波纹编辑,移动尾部剪辑"复选框,则后面的素材跟随其移动。

• 利用"速率伸缩工具"设置:单击"工具"面板中的"比率拉伸工具"按钮 ，将鼠标指向要改变播放速度的素材的出点位置,拖拉鼠标可以改变素材的播放速度。

(6) 替换素材

素材的替换是一项方便实用的功能,可以将"时间轴"面板中的素材片段替换为"项目"面板中素材箱中的素材或"源"监视器中的素材,可以替换素材,能够保证原素材的各种效果属性不变。而在时间轴中原有的一些关键帧和特效等属性设置保持不变,这个功能对使用 Premiere 模板有很大的帮助。具体的操作方法如下:选中时间轴视频轨道上的素材,选择菜单"剪辑"→"替换为剪辑"命令,如图 2-75 所示,或右击,在弹出的快捷菜单中选择"使用剪辑替换"命令。在"源"监视器有打开的素材时,"从源监视器"和"从源监视器,匹配帧"命令才可

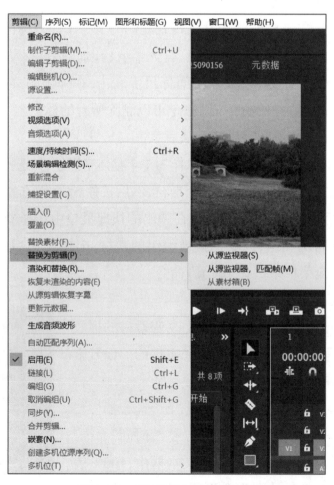

图 2-75 "替换素材"菜单选项

用;"项目"面板上有素材箱,如果素材箱内有多个素材时,要先选中其中一个,"从素材箱"命令才可用。还可以按住 Alt 键拖曳新素材到要替换的素材上。

（7）创建帧定格

帧定格就是将视频的某一帧静止,产生特殊的剪辑效果。选中视频轨道上的视频素材,为素材设置入点、出点或 0 标记点,然后右击,在弹出的快捷菜单中选择"帧定格选项"命令,弹出如图 2-76 所示的"帧定格选项"对话框。勾选"定格滤镜"复选框,应用到视频上的滤镜效果也保持静止。结合"添加帧定格"和"插入帧定格分段"命令创建帧定格。

图 2-76　"帧定格选项"对话框

（8）提升剪辑、提取剪辑

使用"节目"监视器右下角的"提升"按钮 ▦ 和"提取"按钮 ▨,可完成把素材提出时间轴的操作。选择目标轨道中的素材,在"节目"监视器中设置好入点和出点,单击"提升"和"提取"按钮,可以提出不需要的素材。使用"提升"按钮,删除部分用空白填补;使用"提取"按钮,后面的素材片段位置不发生变化,后面的素材片段自动前移,填补删除素材片段的位置。

思考与实训

一、填空题

1. 使用 Premiere 动手制作视频作品前,首先要创建一个_____,然后对项目进行必要的设置和_____设置。

2. 新项目的创建有两种方式:一是通过_____,二是通过_____。

3. 要保存项目,需要选择菜单"文件"→"_____"命令,或按快捷键_____,弹出"保存项目"对话框,并显示保存进度。

4. 要打开项目,需要选择菜单"文件"→"_____"命令,在弹出的"打开项目"对话框中,选择要打开的文件。

5. 单击"项目"面板底部的_____按钮,可新建一个素材箱。

6. _____就是按一定次序存储的连续图片,把每一张图像连起来就是一段动态的视频。

7. Photoshop 和 Illustrator 文件有图像的_____,导入这种文件时,可根据需要选择要导入的图层。

8. _____用于测试显示设备和声音设备是否处于工作状态。

9. "源"监视器面板中打开素材的方法有_____、_____和_____三种。

10. 按_____键的同时单击需要选择的素材即可选中不连续的多个素材。

11. 选择_____命令,可删除该素材,其后的素材自动向前移动。

12. 在"时间轴"面板中单击某段素材,选择"编辑"→"_____"命令,然后单击要粘贴属性的素材,选择"编辑"→"_____"命令即可将一个素材的所有属性复制到另一个素材上。

13. 按_____+左/右方向键可以实现微调,每次移动一帧;按_____+左/右方向键可以一次移动5帧。

14. 执行菜单栏中"剪辑"→"_____"命令,将多个素材进行编组,编组后的素材可以作为一个整体来操作。

15. 在"速度"文本框中,100%表示正常速度,若输入一个比100%_____的数,则素材的播放速度加快,否则播放速度放慢。

二、上机实训

1. 用摄像机拍摄学校的风景。

2. 启动 Premiere,新建一个项目,项目名称为"我的校园",保存到本地磁盘。

3. 将拍摄的视频采集到计算机中。

4. 利用 Premiere 的编辑功能,对所采集的素材进行裁剪、复制,将需要的素材放置到时间轴上。

5. 导入视频素材,将"时间轴"面板上"链接选择项"设置为蓝色状态,将视频素材拖曳到"V1"轨道中,删除音频部分。

6. 当"时间轴"面板上"链接选择项"处于白色状态时,将视频素材拖曳到"V1"轨道中,删除音频部分。

7. 导入一段音乐或事先录制的解说,并放置到音频轨道上。播放你所制作的影片。

案例 5

奮斗者　正青春——"效果控件"面板的使用

▶ 案例描述

本案例通过制作"奋斗者　正青春"片头,介绍了 Premiere "效果控件"面板中"运动""缩放比例""透明度"等参数的设置,效果如图 3-1 所示。

图 3-1　案例效果

▶ 案例解析

在本任务中,需要完成以下操作:

● 通过更改静止图像默认持续时间,导入相关素材;

● 在"效果控件"面板中设置图片素材的"位置""缩放""不透明度"参数,制作运动效果;

● 添加"不透明度"下的"蒙版",利用复制素材"不透明度"属性实现淡入效果。

▶ 案例实施

① 启动 Premiere,新建名称为"al5"的项目文件,新建序列,选择"DV-PAL"→"标准 48 kHz"制式,序列名称为默认。

② 选择菜单栏中"编辑"→"首选项"→"时间轴"命令,在弹出的"首选项"对话框中设置"静止图像默认持续时间"为 3 秒,如图 3-2 所示。

③ 双击"项目"面板,打开"导入"对话框,分别将"title"文件夹、"图片"文件夹和"music"音乐素材导入到"项目"面板中,导入素材后的"项目"面板如图 3-3 所示。

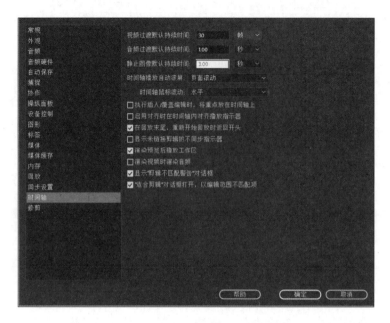

图 3-2　更改静止图像默认持续时间

④ 将"项目"面板上"图片"文件夹中的"背景 .jpg"素材拖放到视频"V1"轨道中，持续时间更改为 9 秒，"music.mp3"素材拖放到音频"A1"轨道中。将"项目"面板上"图片"文件夹中的"图片 1.jpg"素材拖放到"V2"轨道，把"title"文件夹中的"title01.psd"素材拖放到视频"V3"轨道上，此时的"时间轴"面板如图 3-4 所示。

图 3-3　导入素材后的"项目"面板

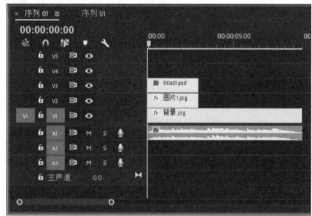

图 3-4　添加素材后的"时间轴"面板

⑤ 选中"V1"轨道中的"背景 .jpg"素材，在"效果控件"面板中，单击"运动"选项前面的三角折叠按钮█，展开"运动"选项的参数，设置"缩放"为"90.0"。单击"不透明度"选项前面的三角折叠按钮█，展开"不透明度"选项的参数，在"00：00：00：00"处设置为"0.0%"，将时间指针移动到"00：00：00：24"处，设置为"100.0%"，自动添加第二个关键帧，将时间指针移动到"00：00：08：00"处，单击"添加 / 移除关键帧"按钮添加第三个关键帧，将时间指针移动到"00：00：08：24"处，设置为"0.0%"，实现在入点和出点的淡入和淡出效果，设置窗口如图 3-5 所示。

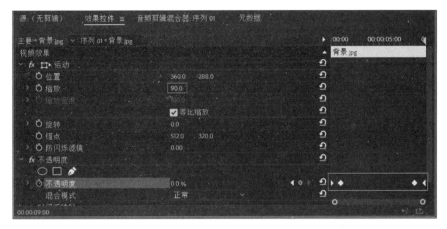

图 3-5　设置"效果控件"面板"缩放""不透明度"关键帧

⑥ 选中"V2"轨道中的"图片 1.jpg"素材,在"效果控件"面板中,设置"位置"为"360.0,220.0",单击"缩放"前面的"切换动画"按钮,在"00:00:00:00"处设置"缩放"为"0.0","不透明度"为"0.0%",将时间指针移动到"00:00:00:24"处,设置"缩放"为"70.0","不透明度"为"100.0%",将时间指针移动到"00:00:02:00"处,单击"添加/移除关键帧"按钮为"缩放"和"不透明度"添加第三个关键帧,将时间指针移动到"00:00:02:24"处,设置"缩放"为"300.0","不透明度"为"0.0%",设置如图 3-6 所示。

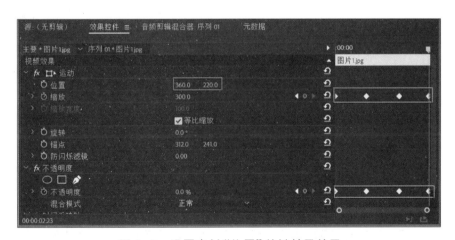

图 3-6　设置素材"位置"关键帧及效果

⑦ 选中"V3"轨道中的"title01.psd",在"效果控件"面板中,设置"位置"为"360.0,320.0";右击"V2"轨道上的"图片 1.jpg"素材,在弹出的快捷菜单中选择"复制"命令;右击"V3"轨道上"title01.psd"素材,在弹出的快捷菜单中选择"粘贴属性"命令,弹出"粘贴属性"对话框,选择"不透明度",单击"确定"按钮。

⑧ 将时间指针移动到"00:00:03:00"处,把"项目"面板上"图片"文件夹中的"图片 2.jpg"素材拖放到"V2"轨道"图片 1.jpg"素材的后面,"图片 3.jpg"素材拖放到"V3"轨道,把"title"文件夹中的"title02.psd"素材拖放到"V4"轨道上,此时的"时间轴"面板如图 3-7 所示。

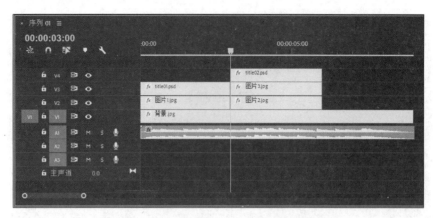

图 3-7　再次添加素材后的"时间轴"面板

⑨ 选中"V2"轨道中的"图片 2.jpg"素材,在"效果控件"面板中,单击"位置"前面的"切换动画"按钮,在"00:00:03:00"处设置"位置"为"720.0,120.0";将时间指针移动到"00:00:05:24"处,设置"位置"为"0,120",设置"缩放"为"45.0"。选中"V3"轨道上的"图片 3.jpg"素材,在"效果控件"面板中,单击"位置"前面的"切换动画"按钮,在"00:00:03:00"处设置"位置"为"0.0,455.0";将时间指针移动到"00:00:05:24"处,设置"位置"为"720.0,455.0",设置"缩放"为"45.0",设置"title02"素材的"位置"为"360.0,130.0"。用步骤⑦的方法将"图片 1.jpg"素材不透明度属性复制到"图片 2.jpg""图片 3.jpg"和"title02.psd"素材上,实现入点淡入和出点淡出的效果,节目预览效果如图 3-8 所示。

图 3-8　设置素材后的节目预览效果

⑩ 将时间指针移动到"00:00:06:00"处,把"项目"面板上"图片"文件夹中的"图片 4.jpg"素材拖放到视频"V2"轨道"图片 2.jpg"素材的后面,"图片 5.jpg"素材拖放到视频"V3"轨道"图片 3.jpg"素材的后面,把"title"文件夹中的"title03.psd"素材拖放到"V4"轨道上,此时的"时间轴"面板如图 3-9 所示。

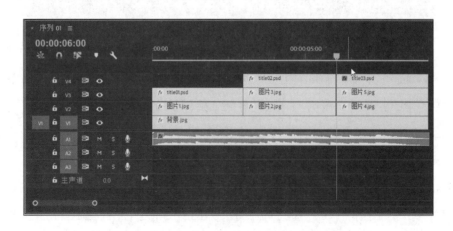

图 3-9　最后添加素材后的"时间轴"面板

⑪ 用步骤⑦的方法将"图片 1.jpg"素材不透明度属性复制到"图片 4.jpg""图片 5.jpg"和"title03.psd"素材上，实现入点淡入和出点淡出的效果。选中"V2"轨道上的"图片 4.jpg"素材，在"效果控件"面板中，设置"位置"选项为"200.0,150.0"，设置"缩放"为"40.0"，选中"不透明度"属性下的"创建椭圆形蒙版"按钮 ，在"节目"监视器中调节蒙版的大小，在"效果控件"面板中，设置"蒙版羽化"为"30.0"，设置及效果如图 3-10 所示。

图 3-10　"图片 4.jpg"的设置及效果

⑫ 选中"V3"轨道上的"图片 5.jpg"素材，在"效果控件"面板中，设置"位置"为"530.0,490.0"，设置"缩放"为"40.0"，选中"不透明度"属性下的"创建椭圆形蒙版"按钮 ，在"节目"监视器中调节蒙版的大小，在"效果控件"面板中，设置"蒙版羽化"为"30.0"，设置及效果如图 3-11 所示。

图 3-11　"图片 5.jpg"的设置及效果

⑬ 制作完成后，单击"节目"监视器面板中的"播放"按钮观看效果。执行菜单"文件"→"保存"命令，保存项目文件。

3.1　设置关键帧

在 Premiere 中，不仅可以编辑视频素材，还可以将静态的图片通过运动效果使其呈现动态效果。帧是动画中最小单位的单幅影像画面，相当于电影胶片上的一格画面，当时间指针以不同的速度沿时间轴逐帧移动时,便形成了画面的运动效果。表示关键状态的帧称为关键帧。利用关键帧技术,使素材在位置、动作或透明度等方面产生变化,从而形成运动效果。关键帧动画可以是素材的运动变化、特效参数的变化、透明度的变化和音频素材音量大小的变化等。当使用关键帧创建随时间变换而发生改变的动画时,必须使用至少两个关键帧,一个定义开始状态,另一个定义结束状态。Premiere 主要提供了两种设置关键帧的方法,一是在"效果控件"面板中设置关键帧,二是在"时间轴"面板中设置关键帧。

1. 在"效果控件"面板上设置关键帧

"效果控件"面板如图 3-12 所示。

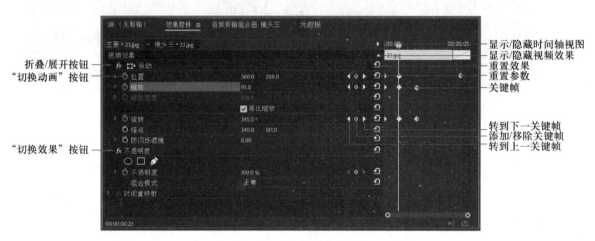

图 3-12 "效果控件"面板

(1) 添加关键帧

添加必要的关键帧是制作运动效果的前提,添加关键帧的方法如下。

① 将素材添加到视频轨道中,并选中要建立关键帧的素材,然后展开"效果控件"面板的运动属性。

② 将时间指针移到需要添加关键帧的位置,在"效果控件"面板中设置相应选项的参数,如"位置"选项,单击"位置"选项左侧的"切换动画"按钮 ，会自动在当前位置添加一个关键帧,将设置的参数值记录在关键帧中。

③ 将时间指针移到需要添加关键帧的位置,修改选项的参数值,修改的参数会被自动记录到第二个关键帧中,或者单击"添加 / 移动关键帧"按钮 来添加关键帧。

(2) 关键帧导航

关键帧导航功能可方便对关键帧进行管理。单击导航三角形箭头按钮,可以把时间指针移动到前一个或后一个关键帧位置,单击左侧的三角形可以展开各项运动属性的曲线图表,包括数值图表和速率图表,如图 3-13 所示。

(3) 选择、复制、粘贴和移动关键帧

若要在"效果控件"面板上选择单个关键帧,只需要用鼠标单击某个关键帧即可;若要选

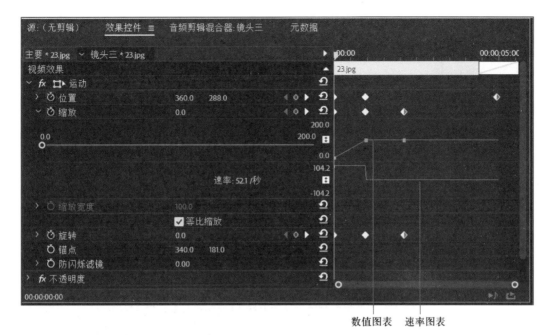

图 3-13　关键帧图表

择多个关键帧时,可按住 Shift 键并逐个单击要选择的关键帧;使用鼠标左键框选也可以选择多个关键帧。

关键帧保存了参数在不同时间段的变化,可以被复制、粘贴到本素材的不同时间点,也可以粘贴到其他素材的不同时间点。将关键帧粘贴到其他素材时,粘贴的第一个关键帧的位置由时间指针所处的位置决定,其他关键帧依次顺序排列。如果关键帧的时间比目标素材要长,则超出范围的关键帧也被粘贴,但不显示出来。

在"效果控件"面板中,选择需要复制的关键帧,执行菜单"编辑"→"复制"命令,或者右击,在弹出的快捷菜单中选择"复制"命令,然后将时间指针移动到需要复制关键帧的位置,执行菜单"编辑"→"粘贴"命令,或者右击,在弹出的快捷菜单中选择"粘贴"命令。

选择一个或按住 Shift 键选择多个关键帧,可拖曳到新的时间位置,且各关键帧之间的距离保持不变。

(4) 删除关键帧

在"效果控件"面板中,删除关键帧,可以采用以下几种方法。

① 选中需要删除的关键帧,执行菜单"编辑"→"清除"命令,可删除关键帧。

② 选中需要删除的关键帧,按 Delete 或 Backspace 键,可删除关键帧。

③ 将时间指针移到需要删除的关键帧处,单击"添加 / 删除关键帧"按钮,可以删除关键帧。

④ 要删除某选项(如"位置"选项)所对应的所有关键帧,可单击该选项左侧的"切换动画"按钮,此时会弹出如图 3-14 所示的"警告"对话框,单击"确定"按钮,可删除该选项所对

图 3-14　"警告"对话框

应的所有关键帧。

2. 在"时间轴"面板轨道上设置关键帧

（1）添加关键帧

在"时间轴"面板轨道上设置关键帧,先选中要建立关键帧的层,放大图层轨道,单击序列控制区的"时间轴显示设置"按钮 ，在弹出的时间轴菜单中,勾选"显示视频关键帧"选项,如图3-15所示。选择工具箱中的"钢笔工具",单击素材上的关键帧控制线,即可添加关键帧。

（2）调整关键帧

可以对轨道关键帧进行拖曳调整,位置的高低表示数值的大小,使用"钢笔工具"调整控制柄的方向和长度,如图3-16所示。

图 3-15 时间轴菜单

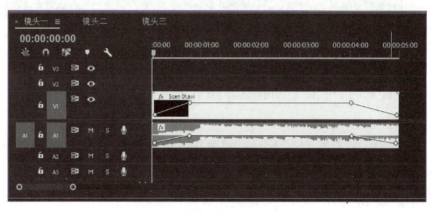

图 3-16 轨道关键帧

轨道关键帧选择、复制、粘贴和删除的操作方法与"效果控件"面板上的关键帧操作方法相同。

3.2 设置运动效果

1. 位置的设置

通过水平和垂直坐标可定位素材在"节目"监视器中的位置。将素材添加到轨道中,选择"效果控件"面板中的"运动"选项,此时"节目"监视器面板中的素材变为有控制外框的状态,如图3-17所示。此时拖动该素材或者直接修改"效果控件"面板中的"位置"参数,都可以改变素材的位置。

如果需要素材沿路径运动,需要在运动路径上添加关键帧,并调整每一个关键帧所对应的位置。图3-18所示是添加了三个位置关键帧后所定义的素材运动路径。

2. 缩放的设置

"缩放"选项用于控制素材的大小。选择"效果控件"面板中的"运动"选项,"节目"监视

图 3-17　"节目"监视器(位置)

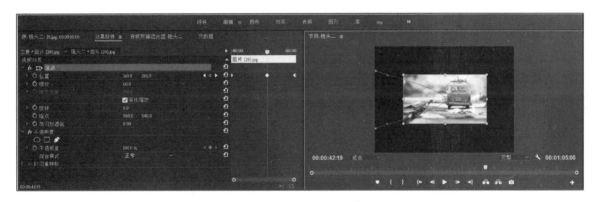

图 3-18　"效果控件"面板和"节目"监视器

器中的素材变为有控制外框的状态,拖动边框上的尺寸控点 ![icon] 或 ![icon],可以调整素材的缩放比例,如图 3-19 所示。也可以通过修改"效果控件"面板中的"缩放"参数,来调整素材的缩放比例。如果不勾选"等比缩放"选项,则可以分别设置素材的高度和宽度的缩放比例。

图 3-19　"节目"监视器(缩放)

3. 旋转的设置

"旋转"选项用于控制素材在"节目"监视器中的角度。选择"效果控件"面板中的"运动"选项,"节目"监视器中的素材变为有控制外框的状态,将鼠标指针移动到素材上四角尺寸控点的外侧,当指针变为  形状时,可以拖动鼠标旋转素材,如图 3-20 所示。

图 3-20 "节目"监视器(旋转)

　　在"效果控件"面板中,设置"旋转"的参数值,也可以对素材进行任意角度的旋转。当旋转的角度超过 360.0°时,系统以旋转一圈来标记角度,如"360.0°"表示为"1×0.0°";当素材进行逆时针旋转时,系统标记为负的角度。

　　"锚点"选项用于控制素材旋转时的轴心点。

　　"抗闪烁滤镜"选项用于控制素材在运动时的平滑度,提高此值可降低影片运动时的抖动。

4. 不透明度的设置

　　"不透明度"动画效果常用于代替视频转场,用于控制影片在屏幕上的可见度,可以通过设置其值来控制素材不透明的程度。在"效果控件"面板中,展开"不透明度"选项,设置其参数值,便可以修改素材的不透明程度。当素材的"不透明度"为 100.0% 时,素材完全不透明;当素材的"不透明度"为 0.0% 时,素材完全透明,此时可以显示出其下层的图像。在"时间轴"面板中设置透明度动画,选中需要设置不透明度动画的素材,移动时间指针到需要设置的位置,在所选素材的轨道控制区域单击"添加/移除关键帧"按钮 ,即可添加关键帧。

　　在"不透明度"属性下有三个创建蒙版的工具:"创建椭圆形蒙版"按钮 ●、"创建 4 点多边形蒙版"按钮 ■ 和"自由绘制贝塞尔曲线"按钮 ✎,用它们可以创建蒙版,创建蒙版后,在"效果控件"面板上"不透明度"下出现蒙版设置选项,如图 3-10 所示。

　　"混合模式"选项用于设置素材的混合模式,默认为正常,单击下拉按钮 ,可弹出"混合模式"类型列表,如图 3-21 所示。

　　(1)正常

　　在"正常"模式下,调整上面视频轨道中素材的透明度,可以使用当前视频轨道中的素材与下一层轨道中素材产生混合效果。

图 3-21 "混合模式"类型列表

"正常"模式可以编辑或绘制每个像素,使其成为结果色,是默认模式。上一层轨道中透明度为70.0%,模式为"正常"的效果如图3-22所示。

(2) 溶解

"溶解"模式特点是配合调整不透明度可创建点状喷雾式的图像效果,不透明度越低,像素点越分散,可以控制层与层之间半透明度或渐变透明区域的像素做融合显示,结果色由基色或混合色的像素随机替换为渐变的颗粒效果,上一层轨道中透明度为70.0%,模式为"溶解"的效果如图3-23所示。

(3) 变暗

"变暗"模式可以显示并处理比当前素材更暗的区域,可以将当前素材层相对明亮的像素区域替换掉,适合制作颜色高度反差的效果,效果如图3-24所示。

图 3-22 "正常"模式　　　　图 3-23 "溶解"模式　　　　图 3-24 "变暗"模式

(4) 相乘

查看每种颜色的颜色信息,并将基色和混合色复合(任何颜色与白色复合保持不变,与黑色复合变为黑色),所以结果色总是较暗的颜色。由于存在复合的步骤,所以其效果比"变暗"模式显得更加自然、柔和,该模式较为常用,效果如图3-25所示。

(5) 颜色加深

"颜色加深"模式可以保留素材中的白色区域,并加强深色区域的颜色,将当前层素材与下层素材的颜色相乘或覆盖。可以查看每个通道中的颜色信息,并通过增加二者之间的对比度使基色变暗以反映混合色,与白色混合后不产生变化,效果如图3-26所示。

(6) 线性加深

"线性加深"模式与"相乘"模式的效果类似,但产生的效果对比会更加强烈。"线性加深"模式可以加深每个通道中的颜色,并通过减小亮度使基色变暗以反映混合色,与白色混合后不产生变化,效果如图3-27所示。

(7) 深色

"深色"模式可以使当前视频轨道中的素材与底层轨道中素材的深色区域产生混合效果。"深色"模式会自动比较混合色和基色所有通道值的总和,并显示值较小的颜色;"深色"模式

图 3-25　"相乘"模式

图 3-26　"颜色加深"模式

图 3-27　"线性加深"模式

不会生成第三种颜色(可以通过"变暗"混合获得),因为它将从基色和混合色中选取最小的通道值来创建结果色,效果如图 3-28 所示。

(8) 变亮

"变亮"模式可以显示并处理比当前素材更亮的区域,能查看每个通道中的颜色信息,并选择基色或混合色中较亮的颜色作为结果色,与"变暗"模式产生的效果相反,效果如图 3-29 所示。

(9) 滤色

"滤色"模式将混合色的互补色与基色进行混合,结果色总是较亮的颜色。用黑色过滤时颜色保持不变,用白色过滤将产生白色,此效果类似于多个摄影幻灯片在彼此之上投影,效果如图 3-30 所示。

图 3-28　"深色"模式

图 3-29　"变亮"模式

图 3-30　"滤色"模式

(10) 颜色减淡

"颜色减淡"模式可以加亮底层轨道中的素材,同时使颜色变得更加饱和,由于对暗部区域的改变有限,可以保持较好的对比度,与黑色混合则不发生变化,效果如图 3-31 所示。

(11) 线性减淡(添加)

"线性减淡(添加)"模式与"滤色"模式效果相似,但产生的效果对比更加强烈,可以通过增加亮度使基色变亮以反映混合色,效果如图 3-32 所示。

(12) 浅色

"浅色"模式可以使上一层视频轨道中素材的浅色区域与下一层轨道中的图像产生混合效

果。"浅色"模式会自动比较混合色和基色的所有通道值的总和,并显示值较大的颜色,不会生成第三种颜色(可通过"变亮"混合获得),因为它将从基色和混合色中选取最大的通道值来创建结果色,效果如图 3-33 所示。

图 3-31 "颜色减淡"模式　　　　图 3-32 "线性减淡(添加)"模式　　　　图 3-33 "浅色"模式

（13）叠加

"叠加"模式可以根据底层的颜色,将当前层的像素进行相乘或覆盖,保持底层轨道中图像的高光和暗调,使图案或颜色在现有像素上叠加,同时保留基色的明暗对比,不替换基色,基色与混合色相混以反映原色的亮度或暗度,效果如图 3-34 所示。

（14）柔光

"柔光"模式可以增加图像亮度与对比度,产生的效果比"叠加"模式与"强光"模式更加精细,如混合色(光源)比 50% 灰色亮,则图像变亮,就像被减淡了一样,如果混合色(光源)比 50% 灰色暗,则图像变暗,就像被加深了一样。使用黑色或白色进行上色处理,可以产生明显变暗或变亮的区域,但不能生成黑色或白色,效果如图 3-35 所示。

（15）强光

"强光"模式可以增加图像的对比度,相当于"相乘"与"滤色"模式的效果组合,效果与耀眼的聚光灯照在图像上相似。如果混合色(光源)比 50% 灰色亮,则图像变亮,就像过滤后的效果,这对于向图像添加高光来说是非常有用的;如果混合色(光源)比 50% 灰色暗,则图像变暗,就像相乘后的效果,这对于向图像添加阴影来说是非常有用的,效果如图 3-36 所示。

图 3-34 "叠加"模式　　　　图 3-35 "柔光"模式　　　　图 3-36 "强光"模式

（16）亮光

"亮光"模式的特点是可增加图像的对比度,使画面产生一种明快感。"亮光"模式效果相当于"颜色减淡"与"颜色加深"的效果组合。如果混合色(光源)比 50% 灰色亮,则通过减小对比度使图像变亮;如果混合色(光源)比 50% 灰色暗,则通过增加对比度使图像变暗,效果如图 3-37 所示。

（17）线性光

"线性光"模式可以使图像产生更高的对比效果,使更多的区域变为黑色和白色,"线性光"模式相当于"线性减淡"与"线性加深"模式的组合。如果混合色(光源)比 50% 灰色亮,则通过增加亮度使图像变亮;如果混合色(光源)比 50% 灰色暗,则通过减小亮度使图像变暗,效果如图 3-38 所示。

（18）点光

"点光"模式可以根据混合色替换颜色,主要用于制作特效。如果混合色(光源)比 50% 灰色亮,则替换比混合色暗的像素,而不改变比混合色亮的像素。如果混合色(光源)比 50% 灰色暗,则替换比混合色亮的像素,而比混合色暗的像素保持不变,这对于向图像添加特殊效果来说是非常有用的,效果如图 3-39 所示。

图 3-37　"亮光"模式　　　　　图 3-38　"线性光"模式　　　　　图 3-39　"点光"模式

（19）强混合

复合或过滤颜色,具体取决于混合色,效果如图 3-40 所示。

（20）差值

"差值"模式可以使当前图像中白色区域产生反相效果,而黑色区域则会更接近底层轨道图像,效果如图 3-41 所示。

（21）排除

"排除"模式可以得到比"差值"模式更为柔和的效果,与白色混合将反转基色值,与黑色混合则不发生变化,效果如图 3-42 所示。

（22）相除

效果跟"差值"类似,但是对比度更低,效果如图 3-43 所示。

图 3-40　"强混合"模式　　　　图 3-41　"差值"模式　　　　图 3-42　"排除"模式

（23）相减

查看各通道的颜色信息,并从基色中减去混合色。与基色相同的颜色混合得到黑色;白色与基色混合得到黑色;黑色与基色混合得到基色,效果如图 3-44 所示。

（24）色相

"色相"模式适合于修改彩色图像的颜色,该模式可将当前图像的基本颜色应用到底层轨道图像中,并保持底层图像的亮度和饱和度,效果如图 3-45 所示。

图 3-43　"相除"模式　　　　图 3-44　"相减"模式　　　　图 3-45　"色相"模式

（25）饱和度

"饱和度"模式的特点是可使图像的某些区域变为黑白色,可将当前图像的饱和度应用到底层轨道的图像中,并保持底层轨道图像的亮度和色相,即用基色的明亮度和色相及混合色的饱和度创建结果,效果如图 3-46 所示。

（26）颜色

"颜色"模式可以将当前图像的色相和饱和度应用到底层轨道的图像中,并保持底层轨道图像的亮度,可以保留图像中的灰阶,对于给单色图像上色或给彩色图像着色都会非常有用,效果如图 3-47 所示。

（27）发光度

"发光度"模式可将当前图像的亮度应用于底层轨道的图像中,并保持底层轨道图像的色相与饱和度,此模式可创建与"颜色"模式相反的灰度效果,效果如图 3-48 所示。

图3-46　"饱和度"模式　　　　图3-47　"颜色"模式　　　　图3-48　"发光度"模式

5. 时间重映射的设置

时间重映射用于控制素材的无级变速效果,它可以在任意时间位置加快或放慢影片,使影片产生快、慢镜头。通过在不同时间位置添加速度关键帧,可以改变素材的速度。

案例6

新时代　新征程——"运动"效果的综合应用

➤ 案例描述

本案例主要通过综合运用"运动"效果来实现宣传广告制作,让读者加深对"运动"效果的理解,掌握制作技巧,效果如图3-49所示。

图3-49　案例效果

➤ 案例解析

在本任务中,需要完成以下操作:

- 通过更改静止图像默认持续时间,导入相关素材;
- 在"效果控件"面板中设置素材的"位置""不透明度""缩放"参数,来形成运动效果;
- 通过建立复制序列,并利用素材替换功能来制作各镜头,最后组合各镜头,完成视频制作。

➤ 案例实施

① 新建名称为"al6"项目文件,选择菜单栏中"编辑"→"首选项"→"时间轴"命令,在弹

出的"首选项"对话框中设置"静止图像默认持续时间"为 3 秒。

②双击"项目"面板,打开"导入"对话框,分别将"title"文件夹、图片和"背景 .avi"素材导入到"项目"面板中,导入素材后的"项目"面板如图 3-50 所示。

③在"项目"面板上空白处右击,在弹出的快捷菜单中选择"新建项目"→"颜色遮罩"命令,如图 3-51 所示,新建颜色为白色、名称为"边框"的颜色遮罩。在"项目"面板上空白处右击,在弹出的快捷菜单中选择"新建项目"→"序列"命令,选择"DV-PAL"→"标准 48 kHz"制式,序列名称为"镜头 1",将"边框"颜色遮罩素材拖放到"V1"轨道中;选中"边框"素材,在"效果控件"面板中,展开"运动"选项,取消等比缩放,设置"缩放高度"为"90.0","缩放宽度"不变;将"1.jpg"素材拖放到"V2"轨道中,设置"缩放"为"75.0";把"title"文件夹中的"title01.psd"素材拖放到"V3"轨道上,如图 3-52 所示。

图 3-50　导入素材后的"项目"面板

图 3-51　"项目"面板快捷菜单

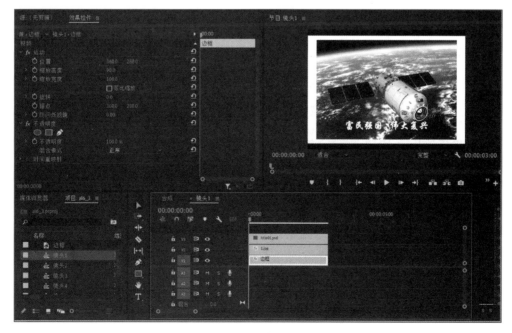

图 3-52　"镜头 1"素材的设置及效果

④ 在"项目"面板上选中"镜头 1",按快捷键 Ctrl+C 进行复制,在空白处按快捷键 Ctrl+V 进行粘贴,将复制的"镜头 1"改名为"镜头 2";双击"镜头 2"序列,按住 Alt 键将"图片"文件中的"2.jpg"素材拖放到"V2"轨道中"1.jpg"素材上,将其替换;用同样的方法将"V3"轨道上"title01.psd"换成"title"文件夹中的"title02.psd"素材,效果如图 3-53 所示。

图 3-53 "镜头 2"替换素材效果

⑤ 在"项目"面板上空白处右击,在弹出的快捷菜单中选择"新建项目"→"序列"命令,选择"DV-PAL"→"标准 48 kHz"制式,序列名称为"镜头 3",将"边框"颜色遮罩素材拖放到"V1"轨道中,选中"边框"素材,在"效果控件"面板中,展开"运动"选项,设置"位置"为"360.0,260.0",取消等比缩放,设置"缩放高度"为"80.0","缩放宽度"为"50.0";将"3.jpg"素材拖放到"V2"轨道中,设置"位置"为"360.0,260.0",设置"缩放"为"75.0",使用"不透明度"下的"自由绘制贝塞尔曲线"按钮 添加蒙版效果;把"title"文件夹中的"title01.psd"素材拖放到视频"V3"轨道上,设置"位置"为"360.0,360.0",缩放为"107.0",设置及效果如图 3-54 所示。

⑥ 使用步骤④的方法创建"镜头 4"和"镜头 5"序列,"镜头 4"素材的设置及效果如图 3-55 所示,"镜头 5"素材的设置及效果如图 3-56 所示。

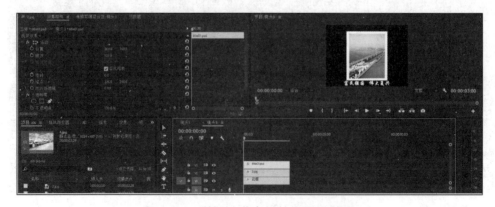

图 3-54 "镜头 3"素材的设置及效果

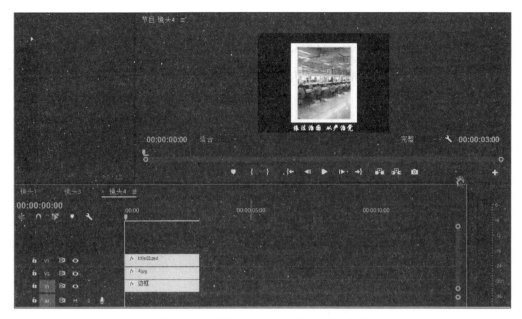

图 3-55 "镜头 4"素材的设置及效果

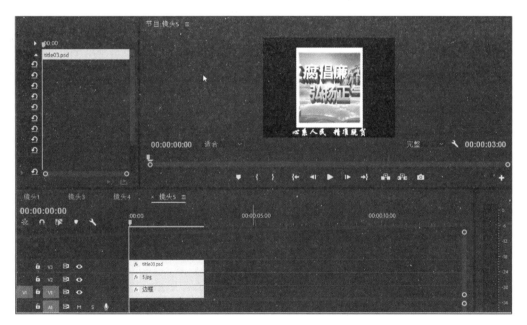

图 3-56 "镜头 5"素材的设置及效果

⑦ 选择"文件"→"新建"→"序列"命令(或使用快捷键 Ctrl+N),弹出"新建序列"对话框,选择"DV-PAL"→"标准 48 kHz"制式,序列名称为"合成",单击"确定"按钮。将"项目"面板上的"背景 .wmv"素材拖放到"V1"轨道中,将"项目"面板上"镜头 1"序列拖放到"V2"轨道中;将"项目"面板上"镜头 2"序列拖放到"V2"轨道中"镜头 1"的后面,取消音视频连接,删除音频部分;将"music.mp3"素材拖放到"A1"轨道,此时的"时间轴"面板如图 3-57 所示。

⑧ 选中"V2"轨道中的"镜头 1"素材,在"效果控件"面板中,在"00:00:00:00"处,设置"缩放"为"0.0","不透明度"为"0.0%",将时间指针移动到"00:00:00:24"处,设置"缩放"

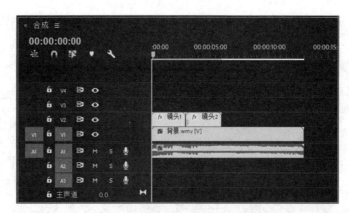

图 3-57 添加设置"镜头 1"和"镜头 2"后的"时间轴"面板

为"70.0","不透明度"为"100.0%",将时间指针移动到"00:00:02:00"处,单击"缩放"和"不透明度"的"添加／移除关键帧"按钮添加关键帧,将时间指针移动到"00:00:02:24"处,设置缩放为"300.0","不透明度"为"0.0%",选中"镜头 1",选择菜单"编辑"→"复制"命令(或使用快捷键 Ctrl+C)复制,选中"镜头 2",选择菜单"编辑"→"粘贴属性"命令(或按快捷键 Ctrl+Alt+V)粘贴属性。

⑨ 将"项目"面板上"镜头 3"序列拖放到"V2"轨道"镜头 2"的后面,将"镜头 4"序列拖放到"V3"轨道中,将"镜头 5"序列拖放到"V4"轨道中,取消音视频连接,删除音频部分,此时的"时间轴"面板如图 3-58 所示。

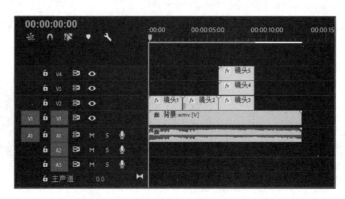

图 3-58 添加设置"镜头 3""镜头 4""镜头 5"后的"时间轴"面板

⑩ 选中"V2"轨道中的"镜头 3"序列,单击"位置"和"缩放"前的"切换动画"按钮█,在"00:00:06:00"处"位置"设置为"360.0,288.0","缩放"设置为"65.0";在"00:00:06:24"处,"位置"设置为"122.0,288.0","缩放"设置为"47.0",效果如图 3-59 所示。

⑪ 选中"V3"轨道中的"镜头 4"序列,单击"位置"和"缩放"前的"切换动画"按钮█,在"00:00:06:00"处,"位置"设置为"360.0,288.0","缩放"设置为"65.0",在"00:00:06:24"和"00:00:01:19"处的"位置"设置为"600.0,288.0","缩放"设置为"47.0",效果如图 3-60 所示。

⑫ 把"title"文件夹中的"title04.psd"素材拖放到"V2"轨道上"镜头 3"的后面,将"速度／

图 3-59　设置"镜头 3"效果

图 3-60　设置"镜头 4"效果

持续时间"更改为 4 秒,单击"缩放"前面的"切换动画"按钮,在"00:00:09:00"处,设置"缩放"和"不透明度"为 0;在"00:00:12:24"处,设置"缩放"为"150.0","不透明度"为"100.0%"。效果如图 3-61 所示。

图 3-61　"title04.psd"　设置及效果

⑬ 制作完成后,单击"节目"面板中的"播放"按钮,观看效果。执行菜单"文件"→"保存"命令,保存项目文件。

思考与实训

一、填空题

1. 运动效果是通过_____来完成的,所谓的帧就是一个_____,当时间轴以不同的速度沿帧面板移动时,便形成了画面的运动效果。

2. 在非线性编辑中,表示关键状态的帧称为_____。关键帧动画可以是素材的_____、特效参数的变化、_____、音频素材音量大小的变化。

3. 当使用关键帧创建随时间变换而发生改变的动画时,必须使用至少两个关键帧,一个定义_____,另一个定义_____。

4. Premiere 主要提供了两种设置关键帧的方法,一是在_____面板中设置关键帧,二是在_____面板中设置关键帧。

5. 单击"位置"选项左侧的_____按钮 ⏱,会自动在当前位置添加一个关键帧,将设置的参数值记录在关键帧中。

6. 选中需要删除的关键帧,按_____或_____键可删除关键帧。

7. 将时间指针移到需要删除的关键帧处,单击_____按钮 ⏱,可以删除关键帧。

8. 关键帧插值是指关键帧之间_____的变化值。如从一个关键帧到下一个关键帧过渡时,可以是_____或减速过渡,也可以是均速过渡。

9. 位置由_____和垂直参数来定位素材在"节目"监视器面板中的位置。

10. _____控制素材的尺寸大小。_____控制素材在"节目"监视器面板中的角度。

11. _____用于控制影片在屏幕上的可见度。

12. _____设置素材的混合模式,默认模式为_____模式的效果。

13. _____模式可以比较并显示当前图像比下面图像亮的区域,能查看每个通道中的颜色信息,并选择基色或混合色中较亮的颜色作为结果色,与"变暗"模式产生的效果相反。

14. _____模式可以根据底层轨道中的图像颜色,将当前层的像素进行相乘或覆盖,保持底层轨道中图像的高光和暗调,使图案或颜色在现有像素上叠加,同时保留基色的明暗对比,不替换基色,基色与混合色相混以反映原色的亮度或暗度。

15. _____用于控制素材的无级变速效果,它可以在任意时间位置加快或放慢影片,影片产生快、慢镜头。通过在不同时间位置添加_____关键帧,来改变素材的速度。

二、上机实训

1. 制作汽车从右边缓慢渐入,在中间暂留,然后加速向左行驶的运动效果,如图 3-62 所示。

图 3-62　汽车的运动效果

2. 制作足球从场外右上旋转着飞入,在场内跳跃几次后,又滚出场外的运动效果,如图 3-63 所示。

图 3-63　足球的运动效果

提示:制作时应遵循近大远小的原则,可以通过设置缩放比例来实现。

3. 制作文字从无到逐渐出现,且从小逐渐变大,先向右移动,然后再向左移动,最后逐渐消失的运动效果,如图 3-64 所示。

图 3-64　文字的运动效果

提示:把文字素材的混合模式改为线性加深。

4. 制作蝴蝶采花的运动效果,如图 3-65 所示。

图 3-65　蝴蝶的运动效果

案例7

江山壮丽——认识视频过渡

▶ 案例描述

通过完成本案例,能够掌握添加视频过渡效果的操作方法,能够对视频过渡效果进行个性化设置,制作的部分视频过渡效果如图4-1所示。

"立方体旋转"过渡效果　　"圆划像"过渡效果　　"油漆飞溅"过渡效果　　"推"过渡效果

图 4-1　案例效果

▶ 案例解析

在本案例中,需要完成以下操作:

● 用菜单命令"序列"→"应用视频过渡效果"(或使用快捷键 Ctrl+D)为视频添加"交叉溶解"标准视频过渡效果;

● 使用"效果"面板为视频轨道上的素材添加"立方体旋转""圆划像""油漆飞溅""推""渐变擦除"和"渐隐为黑色"过渡效果;

● 对视频过渡效果进行个性化设置。

▶ 案例实施

① 启动 Premiere 软件,在"主页"界面中单击"新建项目"按钮,打开"新建项目"对话框,在"名称"文本框中输入"al7",单击"浏览"按钮,选择项目保存的位置,单击"确定"按钮,进入 Premiere 工作界面。

② 选择"文件"→"新建"→"序列"命令(或使用快捷键 Ctrl+N),弹出"新建序列"对话框,选择"DV-PAL"→"标准 48 kHz"制式,单击"确定"按钮,双击"项目"面板的空白处,打开"导

入"对话框,选择素材文件中的"1.jpg"~"6.jpg"和"music.mp3"素材,单击"打开"按钮,导入到"项目"面板中,导入后的效果如图 4-2 所示。

③ 按住 Ctrl 键,在"项目"面板中依次单击素材文件"1.jpg"~"6.jpg",将其拖放到视频"V1"轨道中,将"项目"面板上"music.mp3"素材拖动到音频"A1"轨道上的 0 秒处,如图 4-3 所示。

④ 右击"V1"轨道中"1.jpg"素材,在弹出的快捷菜单中选择"缩放为帧大小"命令,将其他素材都进行同样的设置。

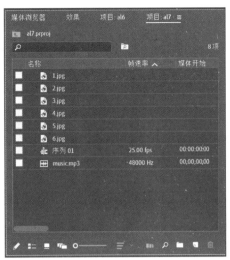

图 4-2　"项目"面板

⑤ 确认时间指针在"1.jpg"素材的入点处,选择菜单"序列"→"应用视频过渡效果"命令(或按快捷键 Ctrl+D),添加"交叉溶解"视频过渡效果。

图 4-3　拖入素材后的"时间轴"面板

⑥ 在"效果"面板中,选择"视频过渡"→"3D 运动"→"立方体旋转"过渡效果,如图 4-4 所示,将其拖放到素材"1.jpg"和"2.jpg"之间,过渡效果如图 4-5 所示。

图 4-4　"效果"面板视频过渡　　　图 4-5　"立方体旋转"过渡效果

⑦ 用步骤⑥的操作方法在素材"2.jpg"和"3.jpg"之间添加"划像"→"圆划像"过渡效果,在素材"3.jpg"和"4.jpg"之间添加"擦除"→"油漆飞溅"过渡效果,在素材"4.jpg"和"5.jpg"之间添加"滑动"→"推"过渡效果,如图 4-6 所示。

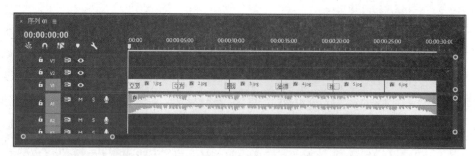

图 4-6 添加过渡效果后的"时间轴"面板

⑧ 选择"擦除"→"渐变擦除"过渡效果,将其拖放到素材"5.jpg"和"6.jpg"之间,弹出如图 4-7 所示的"渐变擦除设置"对话框,单击"选择图像"按钮,选择本案例素材文件夹中的"灰度.jpg"图像,"柔和度"参数为默认的 10,单击"确定"按钮。在素材"6.jpg"的出点处添加"溶解"→"渐隐为黑色"过渡效果,添加过渡效果后的"时间轴"面板如图 4-8 所示。

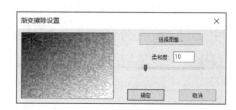

图 4-7 "渐变擦除设置"对话框

⑨ 单击素材"2.jpg"和"3.jpg"之间的"圆划像"过渡效果,将其选中,在"效果控件"面板中,修改"持续时间"为 2 秒,然后勾选"显示实际源"选项,设置开始和结束点,设置"消除锯齿品质"为"中",设置后的"效果控件"面板如图 4-9 所示。

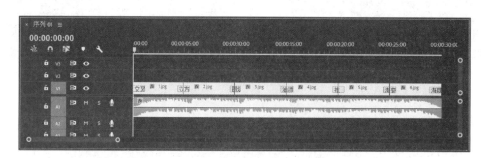

图 4-8 添加过渡效果后的"时间轴"面板

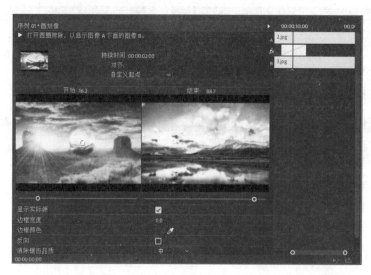

图 4-9 设置"圆划像"过渡效果的"效果控件"面板

⑩ 保存项目,选择"文件"→"导出"→"媒体"命令,然后单击"导出"按钮,输出视频文件。

4.1　认识视频过渡

在非线性编辑中,镜头之间的组接对于整个影视作品有着至关重要的作用。通过镜头组接可以创造丰富的蒙太奇语言,能够表现出更好的艺术形式。在 Premiere 中,提供了多种类型的视频过渡效果,使剪辑师有了更大的创作空间和灵活应变的自由度。

视频过渡也称为视频切换或转场,就是在影片剪辑中一个镜头画面向另一个镜头画面过渡的过程。将视频过渡添加到相邻的素材之间,能够使素材之间较为平滑、自然地过渡,增强视觉连贯性。利用视频过渡效果,更加鲜明地表现出素材与素材之间的层次感和空间感,从而增强影片的艺术感染力。

视频过渡的添加和设置涉及两个面板:"效果"面板和"效果控件"面板,如图 4-4 和图 4-9 所示。"效果"面板为用户提供了 40 多种生动有趣的过渡效果,"效果控件"面板提供了过渡的参数信息,以方便用户对过渡效果进行修改。

1. 添加视频过渡

要为素材添加视频过渡,在"效果"面板中单击"视频过渡"左侧的折叠按钮,然后单击某个视频过渡类型的折叠按钮并选择需要的视频过渡效果,将其拖放到两段素材的交界处,素材被绿色相框包裹,释放鼠标,绿色相框消失,在视频素材中就会出现过渡标记。

视频过渡添加后,选择该过渡,按 Delete 键或 Backspace 键可将过渡删除。

> **提示:**
> - 如果"效果"面板被关闭,执行"窗口"→"效果"命令(或按快捷键 Shift+7 键)重新打开。
> - 过渡效果可以添加到相邻的两段视频素材或图像素材之间,也可以添加到一段素材的开头或结尾。

2. 编辑视频过渡

对素材添加视频过渡后,双击视频轨道上的视频过渡,打开"效果控件"面板可以设置视频过渡的属性和各项参数,如图 4-9 所示。

"效果控件"面板中各选项的含义如下。

- 持续时间:设置视频过渡播放的持续时间。
- 对齐:设置视频过渡的放置位置。"居中于切点"是将过渡放置在两段素材中间;"开始于切点"是将过渡放置在第二段素材的开头;"结束于切点"是将过渡放置在第一段素材的结尾。
- 剪辑预览窗口:调整滑块可以设置视频过渡的开始或结束位置。

- 显示实际源：选择该选项，播放过渡效果时将在剪辑预览窗口中显示素材；不选择该选项，播放过渡效果时在剪辑预览窗口中以默认效果播放，不显示素材。
- 边框宽度：设置视频过渡时边界的宽度。
- 边框颜色：设置视频过渡时边界的颜色。
- 反向：选择该选项，视频过渡将反转播放。
- 消除锯齿品质：设置视频过渡时边界的平滑程度。

案例 8

画中画里的丰收景象——视频过渡综合应用

➢ **案例描述**

画中画是指在一个背景画面上叠加一幅或多幅小于背景尺寸的其他画面，在影片制作中经常用到画中画效果。本案例通过创建画中画效果并在画中画上应用图片的划入划出视频过渡，制作一段丰收景象展示视频，效果如图 4-10 所示。

图 4-10 案例效果

➢ **案例解析**

在本案例中，需要完成以下操作：

- 用设置素材的运动属性中的"缩放"和"位置"属性制作画中画效果；
- 用"擦除"等视频过渡效果实现画中画的划入划出的创意应用；
- 画面的过渡叠加形式可以是圆形、方形、三角形等多种形式，可以自由创意。

➤ **案例实施**

① 新建名称为"al8"的项目文件,新建序列,选择"DV-PAL"→"标准 48 kHz"制式。

② 将素材文件夹中的素材图片"1.jpg"~"5.jpg""背景 .mp4"和"music.mp3"导入到"项目"面板中。

③ 从"项目"面板中把"背景 .mp4"拖放到"时间轴"面板"V1"轨道中,更改其持续时间为 15 秒,将"music.mp3"拖放到"A1"轨道中,将"卷轴画 .psd"拖放到"V2"轨道中,更改其持续时间为 15 秒。

④ 选中"V2"轨道中的"卷轴画 .psd",更改其持续时间为 15 秒,在"效果控件"面板上设置"运动"属性中的"缩放"为"65.0","不透明度"为"90.0%",在入点处添加"交叉溶解"过渡效果,"时间轴"面板如图 4-11 所示。

图 4-11　添加素材后的"时间轴"面板

⑤ 选择"1.jpg"~"5.jpg",拖放到"V2"轨道中,按住 Shift 键,在"V2"轨道上依次单击选择"2.jpg"和"4.jpg",在原时间标尺的位置向上拖放到"V3"轨道中,这是为了后面单独为每个图片添加划入和划出效果,如图 4-12 所示。

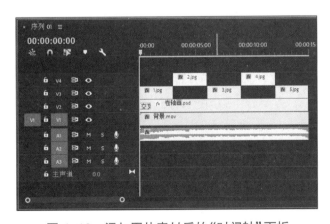

图 4-12　添加图片素材后的"时间轴"面板

⑥ 选择"时间轴"面板上的"1.jpg",此时"节目"监视器面板如图 4-28 所示,在"效果控件"面板中,设置"运动"属性中的"位置"为"360.0,280.0"、"缩放"为"63.0"、"不透明度"为

"85.0%"，"混合模式"为"线性加深"，设置及效果如图 4-13 所示。

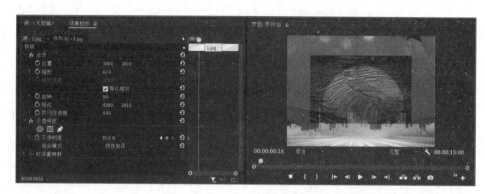

图 4-13　"1.jpg"设置及效果

⑦ 在"效果控件"面板中单击素材"1.jpg"的"运动"属性，选择菜单"编辑"→"复制"命令（或按快捷键 Ctrl+C）复制，按住 Shift 键依次单击素材"2.jpg""3.jpg""4.jpg"和"5.jpg"，选择菜单"编辑"→"粘贴属性"命令（或按快捷键 Ctrl+Alt+V），粘贴属性。

⑧ 在"效果"面板中选择"视频过渡"→"溶解"→"交叉溶解"过渡效果，拖放到时间轴上"1.jpg"的入点处，添加一个淡入的切换，选择"胶片溶解"过渡效果，将其放到时间轴上"1.jpg"的出点处。

⑨ 继续为"2.jpg"～"5.jpg"素材添加过渡效果，具体的效果可以根据个人理解自由选择并添加，添加效果后的"时间轴"面板如图 4-14 所示。

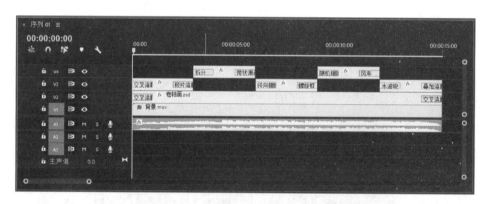

图 4-14　添加过渡效果后的"时间轴"面板

⑩ 保存项目，导出媒体。

提示：

视频过渡效果可以用在两段素材的交界处作为过渡，也可以用在单独一段素材的开始或结束位置。视频过渡用在单独一段素材上时，就变成了这段素材的划入或划出方式。需要注意的是，在单独一段素材两端添加视频过渡效果时，这样处理的两段素材不要在同一轨道中相接。

4.2 Premiere 提供的视频过渡

在 Premiere 中内置了 8 大类视频过渡效果,如图 4-15 所示。本节主要介绍各种视频过渡的播放效果及使用技巧。

1. 内滑类视频过渡

内滑类视频过渡主要通过滑动来实现两个场景的切换,该类型包括 6 种视频过渡效果,如图 4-16 所示。

图 4-15 视频过渡效果　　图 4-16 内滑类视频过渡效果

(1)"中心拆分"视频过渡效果

素材 A 的场景分割成 4 个部分,同时向 4 个角移动,逐渐显示出素材 B 的场景,效果如图 4-17 所示。

图 4-17 "中心拆分"视频过渡效果

(2)"内滑"视频过渡效果

素材 B 的场景滑动到素材 A,将素材 A 的场景完全覆盖。

(3)"带状内滑"视频过渡效果

素材 B 的场景分割成带状,逐渐交叉覆盖素材 A 的场景。

(4)"急摇"视频过渡效果

急摇视频过渡是最常用的一种过渡方式。它可以从一个物体或者地方转至完全不同的画面,让视频的节奏似行云流水。

（5）"拆分"视频过渡效果

素材 A 的场景从屏幕的中心向两侧推开，显示出素材 B 的场景。

（6）"推"视频过渡效果

素材 B 的场景从一侧推动素材 A 的场景向另一侧运动，从而显示出素材 B 的场景。

2. 划像类视频过渡

划像类视频过渡效果是在一个场景结束的同时开始另一个场景，该类型包括 4 种视频转场效果，节奏较快，适合表现一些娱乐、休闲画面之间的过渡效果。

（1）"交叉划像"视频过渡效果

素材 B 的场景以十字形在素材 A 的场景中逐渐展开，效果如图 4-18 所示。

图 4-18 "交叉划像"视频过渡效果

（2）"圆划像"视频过渡效果

素材 B 的场景以圆形在素材 A 的场景中逐渐展开。

（3）"盒形划像"视频过渡效果

素材 B 的场景以矩形的形状从中心由小变大，逐渐覆盖素材 A 的场景。

（4）"菱形划像"视频过渡效果

素材 B 的场景以菱形在素材 A 的场景中逐渐展开。

3. 擦除类视频过渡

擦除类视频过渡效果是将两个场景设置为相互擦拭的效果，该类型包括 16 种视频过渡效果。

（1）"划出"视频过渡效果

素材 B 的场景从素材 A 的场景一侧进入，并逐渐取代素材 A 的场景。

（2）"双侧平推门"视频过渡效果

素材 A 的场景以门的方式从中线向两边推开，显示出素材 B 的场景。

（3）"带状擦除"视频过渡效果

素材 B 的场景以水平、垂直或对角线呈带状逐渐擦除素材 A 的场景，如图 4-19 所示。

（4）"径向擦除"视频过渡效果

素材 B 的场景从一角进入，像扇子一样逐渐将素材 A 的场景覆盖。

图 4-19　"带状擦除"视频过渡效果

（5）"插入"视频过渡效果

素材 B 的场景呈方形从素材 A 的场景一角插入，并逐渐取代素材 A 的场景，效果如图 4-20 所示。

图 4-20　"插入"视频过渡效果

（6）"时钟式擦除"视频过渡效果

素材 B 的场景按顺时针方向以旋转方式将素材 A 的场景完全擦除。

（7）"棋盘"视频过渡效果

素材 B 的场景以小方块的形式出现，逐渐覆盖素材 A 的场景。

（8）"棋盘擦除"视频过渡效果

素材 B 的场景分割成多个方块，以方格的形式将素材 A 的场景完全擦除。

（9）"楔形擦除"视频过渡效果

素材 B 的场景从素材 A 的场景中心以楔形旋转展开，逐渐覆盖素材 A 的场景，效果如图 4-21 所示。

图 4-21　"楔形擦除"视频过渡效果

（10）"水波块"视频过渡效果

素材 B 的场景以 Z 形擦除扫过素材 A 的场景，逐渐将素材 A 的场景覆盖。

（11）"油漆飞溅"视频过渡效果

素材 B 的场景以泼溅油漆的方式进入，逐渐覆盖素材 A 的场景。

（12）"百叶窗"视频过渡效果

素材 B 的场景以百叶窗的形式出现，逐渐覆盖素材 A 的场景。

（13）"螺旋框"视频过渡效果

素材 B 的场景以旋转方框的形式出现，逐渐覆盖素材 A 的场景。

（14）"随机块"视频过渡效果

素材 B 的场景以随机小方块的形式出现，逐渐覆盖素材 A 的场景。

（15）"随机擦除"视频过渡效果

素材 B 的场景以随机小方块的形式出现，可以从上到下或从左到右逐渐将素材 A 的场景擦除。

（16）"风车"视频过渡效果

素材 B 的场景以旋转风车的形式出现，逐渐覆盖素材 A 的场景。

4. 沉浸式视频过渡

沉浸式视频可为 360/VR 视频添加可自定义的过渡，并确保杆状物不会出现多余的失真，且后接缝线周围不会出现伪影。该类型包括 VR 光圈擦除、VR 光线、VR 渐变擦除、VR 漏光、VR 球形模糊、VR 色度泄漏、VR 随机块和 VR 默比乌斯缩放。

5. 溶解类视频过渡

溶解类视频过渡效果表现为前一段视频剪辑融化消失，后一段视频剪辑同时出现的效果，节奏较慢，适用于时间或空间的转换，是视频剪辑中常用的一种过渡效果，该类型包括 7 种视频过渡效果。

（1）MorphCut

有演讲者头部特写的素材在编辑时通常伴随着一个难题：拍摄对象说话可能会断断续续，经常使用"嗯""唔"或不需要的停顿。通过移除剪辑中不需要的部分，再应用 MorphCut 视频过渡来平滑分散注意力的跳切，可以有效解决这个问题。MorphCut 采用脸部跟踪和可选流插值的高级组合，在剪辑之间形成无缝过渡。

（2）"交叉溶解"视频过渡效果

"交叉溶解"在淡入素材 B 的同时淡出素材 A，效果如图 4-22 所示。如果希望从黑色淡入或淡出，也很适合在剪辑的开头和结尾采用"交叉溶解"。

（3）"叠加溶解"视频过渡效果

"叠加溶解"将来自素材 B 的颜色信息添加到素材 A，然后从素材 B 中减去素材 A 的颜色信息，效果如图 4-23 所示。

图 4-22 "交叉溶解"视频过渡效果

图 4-23 "叠加溶解"视频过渡效果

（4）"白场过渡"视频过渡效果

使素材 A 淡化到白色，然后从白色淡化到素材 B。

（5）"黑场过渡"视频过渡效果

使素材 A 淡化到黑色，然后从黑色淡化到素材 B。

（6）"胶片溶解"视频过渡效果

"胶片溶解"和"交叉溶解"差不多，只是"胶片溶解"会有灰度系数过渡，画面的对比度会产生细微的变化。

（7）"非叠加溶解"视频过渡效果

素材 A 的场景向素材 B 过渡时，素材 B 的场景中亮度较高的部分直接叠加到素材 A 的场景中，从而完全显示出素材 B 的场景，效果如图 4-24 所示。

图 4-24 "非叠加溶解"视频过渡效果

6. 缩放视频过渡

缩放视频过渡类型包括 1 种"交叉缩放"视频过渡效果，素材 A 的场景逐渐放大，冲出屏幕，素材 B 的场景由大逐渐缩小到实际尺寸。

7. 过时类视频过渡

过时类视频过渡效果是将前后两个镜头进行层次化,实现从二维到三维的视觉转换效果,该类转场节奏比较快,能够表现出场景之间的动感过渡效果,共包括 3 种过渡效果。

(1)"渐变擦除"视频过渡效果

素材 B 的场景依据所选的图形作为渐变过渡的形式逐渐出现,覆盖素材 A 的场景,可以通过选择不同的灰度图像自定义过渡方式。

(2)"立方体旋转"视频过渡效果

将素材 A 与素材 B 的场景作为立方体的两个面,通过旋转该立方体将素材 B 逐渐显示出来。

(3)"翻转"视频过渡效果

将素材 A 的场景与素材 B 的场景作为一张纸的正反面,通过翻转的方法实现两个场景的切换,效果如图 4-25 所示。

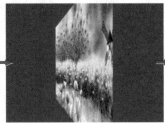

图 4-25 "翻转"视频过渡效果

8. 页面剥落类视频过渡

页面剥落类视频过渡效果一般应用在表现空间和时间切换的镜头上,该类型包括 2 种视频过渡效果。

(1)"翻页"视频过渡效果

素材 A 的场景以翻页的形式,从屏幕的任意一角卷起,从而呈现素材 B 的场景,卷起时背面透明,效果如图 4-26 所示。

图 4-26 "翻页"视频过渡效果

(2)"页面剥落"视频过渡效果

素材 A 的场景以翻页的形式,从屏幕的任意一角卷起,从而呈现素材 B 的场景,卷起时背面不透明,效果如图 4-27 所示。

图 4-27　"页面剥落"视频过渡效果

思考与实训

一、填空题

1. 视频过渡效果可以应用于两个视频素材或图像素材之间,还可以应用于同一个视频素材或图像素材的_____或_____。

2. 在 Premiere 中,所有的视频过渡效果均放置在_____面板中。

3. 按快捷键 Shift+5 可打开_____面板。

4. 选择已经添加的视频过渡效果,按下_____键或_____键,可将转场删除。

5. 在"效果控件"面板中,可以设置转场的_____、边框宽度及_____等属性。

6. 使用_____视频过渡效果可以通过选择不同的灰度图像来自定义视频过渡。

7. 按快捷键 Shift+7 可打开_____面板。

8. 要想在视频过渡预览播放时显示素材,应选中"效果控件"面板中的_____选项。

9. 在 Premiere 中为两段素材添加默认视频过渡效果,应使用_____命令。

10. 通过调整_____窗口中的滑块,可以设置视频过渡从哪个位置开始或结束。

11. "页面剥落"视频过渡效果指素材 A 的场景以_____的形式,从屏幕的任意一角卷起,从而呈现素材 B 的场景,卷起时背面_____。

12. _____视频过渡效果是指素材 A 的场景逐渐放大,冲出屏幕,素材 B 的场景由大逐渐缩小到实际尺寸。

13. "渐变擦除"视频过渡效果是指素材 B 的场景依据所选的图形作为渐变过渡的形式逐渐出现,覆盖素材 A 的场景,可以通过选择不同的_____自定义过渡方式。

14. _____视频过渡效果是指使素材 A 淡化到白色,然后从白色淡化到素材 B。

15. _____类视频过渡主要通过滑动来实现两个场景的切换。

二、上机实训

1. 利用提供的素材,制作如图 4-28 所示的视频过渡效果。

2. 利用提供的素材,制作如图 4-29 所示的视频过渡效果。

3. 利用提供的素材,制作如图 4-30 所示的视频过渡效果。

4. 利用提供的素材,制作如图 4-31 所示的画中画效果。

5. 利用提供的视频、图片素材,运用"拉伸""拆分""推挤"等视频过渡效果制作一段充满活力的体育运动片段。

图 4-28　风车效果

图 4-29　内滑效果

图 4-30　渐变擦除效果

图 4-31　画中画效果

合成播放屏幕——扭曲效果的应用

▷ **案例描述**

将视频合成到电视屏幕,模拟在电视上播放视频的效果,如图 5-1 所示。

图 5-1 案例效果

▷ **案例解析**

在本案例中,需要完成以下工作:

- 用"裁剪"效果去除视频黑边;
- 用"边角定位"效果,把视频合成到电视屏幕;
- 用"垂直翻转"效果与"线性擦除"效果制作倒影。

▷ **案例实施**

① 单击 Premiere "主页"屏幕上的"新建项目"按钮,设置项目名称为"案例 9",选择素材"背景 .mp4",单击"创建"按钮。此时"节目"监视器上的显示效果如图 5-2 所示。导入"5G. mp4"素材,拖放到"V2"轨道,效果如图 5-3 所示。设置"V2"轨道剪辑的开始点为 1 秒 3 帧,

图 5-2 背景视频　　　图 5-3 合成内容视频

"结束"点与"V1"轨道剪辑的结束点对齐。

② 为"5G.mp4"添加"网格"效果。单击激活"V2"轨道上的"5G.mp4"剪辑,打开"效果"面板,双击"网格"效果。打开"效果控件"面板,设置"网格"效果的参数如图5-4所示。添加网格后的视频效果如图5-5所示。

图5-4 "网格"参数设置　　　　图5-5 添加"网格"效果

③ 去除"5G.mp4"视频的黑边。单击"V2"轨道上的"5G.mp4"剪辑,打开"效果"面板,双击"裁剪"效果。打开"效果控件"面板,设置"裁剪"效果的参数如图5-6所示。"裁剪"后的视频效果如图5-7所示。

图5-6 "裁剪"参数设置　　　　图5-7 "裁剪"效果

④ 应用"边角定位"效果将视频素材合成到大屏幕上。把播放指示器定位到1秒3帧处,为"V2"轨道上的"5G.mp4"剪辑添加"边角定位"效果。打开"效果控件"面板,设置"边角定位"效果的参数如图5-8所示。添加"边角定位"后的视频如图5-9所示。

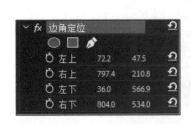

图5-8 "边角定位"参数设置　　　　图5-9 "边角定位"效果

提示：

　　在"效果控件"中选中"边角定位"效果后，在"节目"监视器面板中可以看到四个定位点，如图 5-9 所示，用鼠标拖动定位点，即可直观地调整画面的边角位置。

　　⑤ 分别单击"边角定位"面板"左上""右上""左下""右下"左侧的"切换动画"按钮，然后把播放指示器定位到最后一帧，重新调整四个定位点的位置，参数设置如图 5-10 所示，视频效果如图 5-11 所示。

图 5-10　尾帧定位参数设置　　　　　图 5-11　尾帧"边角定位"效果

　　⑥ 制作倒影。复制"V2"轨道的剪辑，粘贴到"V3"轨道。为"V3"轨道的剪辑添加"垂直翻转"视频效果。调整为"V3"轨道剪辑的"位置"与"旋转"属性，效果如图 5-12 所示。为"V3"轨道的剪辑添加"线性擦除"视频效果，设置"过渡完成"为 60%，"擦除角度"为 2.0°，"羽化"为 900.0。效果如图 5-13 所示。

图 5-12　"垂直翻转"效果　　　　　图 5-13　线性擦除效果

　　⑦ 把播放指示器定位到第 1 秒 3 帧处，选择"V3"轨道的剪辑，在"效果控件"面板中单击"运动"效果下"位置"与"旋转"左侧的"切换动画"按钮，然后把播放指示器定位到最后一帧，调整"V3"轨道剪辑的位置与选择角度。

　　⑧ 保存项目，导出媒体。完成后的播放效果如图 5-1 所示。

提示：

　　为同一素材添加多个视频"效果"时，不同的添加顺序，会导致不同的结果。如果把本案例"V1""V2"轨道剪辑的"边角定位"调整到"网格"之前,如图 5-14 所示,则其合成效果如图 5-15 所示,出现了错误的结果。

图 5-14　调整"效果"顺序　　　　图 5-15　调整顺序后的合成效果

5.1　视频效果基本操作

　　Premiere 提供了丰富的视频效果,把"效果"应用于视频节目中的剪辑可以增添特别的视觉特性。

　　所有添加到"时间轴"面板的剪辑都会内置"固定效果"。固定效果可控制剪辑的固有属性,无论是否选择剪辑,"效果控件"面板中都会显示固定效果。固定视频效果包括:运动、不透明度、时间重映射。

　　"标准效果"是需要自己应用于剪辑的附加效果。Premiere 提供的视频效果位于"效果"面板之中,如图 5-16 所示。将标准效果应用于剪辑,剪辑对应的"效果控件"面板上就会自动添加该视频效果的选项。图 5-17 所示是添加了"百叶窗"效果后的"效果控件"面板。

图 5-16　"效果"面板　　　　　　图 5-17　"效果控件"面板

1. 添加视频效果

在 Premiere 中,可以为同一剪辑添加一个或多个视频效果,也可以多次应用同一效果,而每次使用不同设置。

要添加视频效果,可执行以下操作之一。

① 将一个或多个效果应用于单个剪辑。选择效果,然后将它们拖到时间轴的剪辑上。

② 将一个或多个效果应用于多个剪辑。先选择剪辑(按住 Ctrl,单击时间轴上的每个所需的剪辑),然后将一个效果或选定的一组效果拖到任一选定的剪辑上。

③ 选择剪辑,然后双击要应用的效果。

2. 复制并粘贴剪辑效果

可以将效果从一个剪辑复制和粘贴到另外一个或多个剪辑。如果效果包括关键帧,这些关键帧将出现在目标剪辑中的对应位置,从目标剪辑的起始位置算起。

复制效果可执行以下操作之一。

① 在"效果控件"面板中,选择一个或多个要复制的效果,使用"编辑"菜单中的"复制""剪切"或"粘贴"命令,可以复制或移动视频效果到其他剪辑。

② 首先,在"时间轴"面板中,选择包含一个或多个要复制效果的剪辑,选择"编辑"→"复制"命令。然后,在"时间轴"面板中,选择要将效果粘贴到的剪辑,选择"编辑"→"粘贴属性"命令,打开"粘贴属性"对话框,选择要粘贴的属性,单击"确定"按钮。

3. 删除视频效果

要删除视频效果,可以采用以下几种方法。

① 在"效果控件"面板中选中需要删除的视频效果,按 Delete 或 Backspace 键。

② 右击需要删除的视频效果,选择"清除"命令。

4. 禁用或启用效果

可以暂时禁用效果,这样做只会阻止效果起作用而不会将其移除。

在"效果控件"面板中,单击效果左侧的"切换效果开关"按钮 ⫗,可禁用或启用效果。

5. 为效果创建蒙版

在"效果控件"面板中,通过创建蒙版,可以限定"视频效果"的作用范围,视频效果只会影响蒙版区域以内的画面内容。从"效果控件"面板中效果名称下的添加蒙版按钮 ◐◻▰✐ 中选择一种工具,然后调整"位置""羽化"等参数即可添加蒙版。如图 5-18 所示,是为应用了"百叶窗"效果的剪辑添加椭圆形蒙版后的显示效果。

6. 设置效果关键帧

单击效果选项前面的"切换动画"按钮 ⏱,可以在当前播放指示器位置添加一个效果关键帧,然后移动播放指示器位置,调整效果选项的参数,系统会自动在当前位置记录关键帧。

要删除已添加的效果关键帧,可以选中关键帧后按 Delete 键,或者右击该关键帧,选择"清

图 5-18　未添加蒙版、"蒙版"参数设置、蒙版区域、最终显示效果

除"命令。

5.2　常用视频效果

Premiere 中内置了多种类型的视频效果,此处重点介绍常用效果。

1. 变换效果

变换类效果包含 5 种视频效果。

（1）垂直翻转

垂直翻转将素材在垂直方向上翻转,没有选项参数。

（2）水平翻转

水平翻转将素材在水平方向上翻转,没有选项参数。

（3）羽化边缘

羽化边缘可以对素材的边缘进行羽化。

以上 3 种视频效果,如图 5-19 所示。

图 5-19　原图、"垂直翻转"效果、"水平翻转"效果、"羽化边缘"效果

（4）自动重构

自动重构可智能识别视频中的动作,并以针对不同的长宽比重构剪辑。此功能非常适合用于将视频发布到不同的社交媒体渠道。可以使用此功能重构序列用于正方形、纵向和 16∶9 电影屏幕,或用于裁切高分辨率内容(例如,4K 或更高分辨率)。

（5）裁剪

裁剪效果从剪辑的边缘修剪像素，如图 5-20 所示。

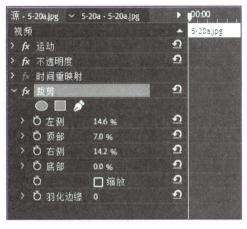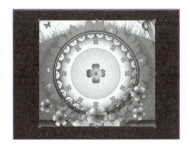

图 5-20　原图、"裁剪"参数设置、裁剪结果

2. 图像控制效果

图像控制类视频效果的主要作用是调整图像的色彩，弥补素材的颜色缺陷。图像控制类包括 4 种视频效果。

（1）灰度系数校正（Gamma Correction）

灰度系数校正效果可在不显著更改阴影和高光的情况下使剪辑变亮或变暗。其实现的方法是更改中间调的亮度级别（中间灰色阶），同时保持暗区和亮区不受影响，如图 5-21 所示。

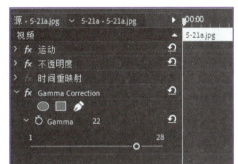

图 5-21　原图、"灰度系数校正"参数设置、校正后的效果

（2）颜色替换（Color Replace）

在保持灰度级不变的前提下，用一种新的颜色替代选中的色彩及和它相似的色彩。通过设置"目标颜色"与"替换颜色"，结合调整"相似性"的值，就可以实现颜色替换效果，如图 5-22 所示。

（3）颜色过滤（Color Pass）

该视频效果只保留指定的色彩，没有被指定的色彩将被转换为灰色。使用颜色过滤效果可强调剪辑的特定区域，如图 5-23 所示。

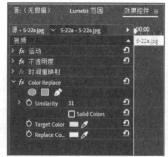

图 5-22　原图、"颜色替换"参数设置、"颜色替换"效果

图 5-23　原图、"颜色过滤"参数设置、"颜色过滤"效果

（4）黑白

将彩色图像转换为黑白图像。

3. 扭曲效果

扭曲类视频效果可以创建变形效果或者修复变形效果。

（1）偏移

偏移效果在剪辑内平移图像，脱离图像一侧的视觉信息会在对面出现，如图 5-24 所示。

图 5-24　原图、"偏移"参数设置、"偏移"效果

（2）变形稳定器

可以用来校正由于拍摄器材抖动而导致的画面不平稳。一般使用默认参数校正后的稳定效果就较完美，也可以在"效果控件"面板中自主修改参数。

（3）变换

可以使剪辑产生二维几何变化，其参数设置及对应的视频效果，如图 5-25 所示。

图 5-25　原图、"变换"参数设置、"变换"效果

（4）放大

放大效果可放大图像的整体或一部分，作用类似于在图像某区域放置放大镜，其参数设置及对应的视频效果，如图 5-26 所示。

图 5-26　原图、"放大"参数设置、局部"放大"的效果

（5）旋转

通过围绕剪辑中心旋转剪辑来扭曲图像。图像在中心的扭曲程度大于边缘的扭曲程度，极端的参数设置会创造出旋涡效果，如图 5-27 所示。

图 5-27　原图、"旋转"参数设置、"旋转"效果

（6）果冻效应修复

可以修复拍摄高速运动物体时，因逐行扫描速度不够而出现的"倾斜"、"摇摆不定"或"部分曝光"等画面变形。

（7）波形变形

可产生在图像中移动的波形外观。波形形状包括正方形、圆形和正弦波。波形变形效果会横跨整个时间范围以恒定速度自动动画化（没有关键帧）。

（8）球面化

使素材以球化的状态显示，产生凸起变形效果。

（9）湍流置换

使用不规则杂色在图像中创建湍流扭曲。可用于创建流水、哈哈镜和飞舞的旗帜等，如图 5-28 所示。

图 5-28　原图、"湍流置换"参数设置、"湍流置换"效果

（10）边角定位

通过更改每个角的位置来扭曲图像。使用此效果可拉伸、收缩、倾斜或扭曲图像，或用于模拟沿剪辑边缘旋转的透视或运动。可以通过修改"效果控件"中的参数值调整边角的位置，也可以直接在"节目"监视器中通过拖动定位点来调整边角的位置。

（11）镜像

沿一条线拆分图像，然后将一侧反射到另一侧，可以通过设置角度来控制镜像图像到任意角度，如图 5-29 所示。

图 5-29　原图、"镜像"参数设置、"镜像"效果

（12）镜头扭曲

可模拟透过扭曲镜头查看剪辑时的视觉效果。

4. 时间类视频效果

时间类视频效果可以控制素材的时间属性,产生跳帧和重影等效果。

（1）抽帧时间

可将剪辑锁定到特定的帧速率。输入较低的帧速率会产生跳帧的效果。

（2）残影

残影效果可合并来自剪辑中不同时间的帧。残影效果有各种用途,包括从简单的视觉残影到条纹和污迹效果。仅当剪辑包含运动时,此效果才会起作用。

5. 模糊和锐化效果

模糊类效果可以使图像变模糊,而锐化类效果可以通过增强图像的边缘对比度使图像变清晰。

（1）复合模糊

基于亮度值模糊图像,在其"模糊图层"参数中可以选择一个视频轨道中的图像。用一个轨道中的图像模糊另一个轨道中的图像,能够达到有趣的重叠效果,如图 5-30 所示。

图 5-30　原图、"复合模糊"参数设置、"复合模糊"效果

（2）方向模糊

对图像的模糊具有一定的方向性,从而产生一种动感的效果。

（3）相机模糊（Camera Blur）

模拟相机镜头失焦所产生的模糊效果,可使用"百分比模糊"参数设置模糊的程度。结合蒙版使用,可以创造背景虚化的效果,如图 5-31 所示。

图 5-31　原图、"相机模糊"参数设置、"相机模糊"效果

（4）通道模糊

通过改变图像中颜色通道的模糊程度来实现画面的模糊效果。

（5）高斯模糊

通过高斯运算的方法生成模糊效果，可以达到更加细腻的模糊效果，其参数包括"模糊度"和"模糊尺寸"。

（6）减少交错闪烁

交错闪烁通常由交错素材中显现的条纹引起。减少交错闪烁效果可减少高纵向频率，以使图像更适合用于交错媒体（如 NTSC 视频）。

（7）钝化蒙版

主要通过定义边缘颜色之间的对比度，来对图像的色彩进行锐化处理，如图 5-32 所示。

图 5-32　原图、"钝化蒙版"参数设置、"钝化蒙版"效果

（8）锐化

通过增加相邻像素的对比度，达到提高图像清晰度的效果。

6. 生成类视频效果

生成类视频效果可以在画面中产生炫目的特殊效果。

（1）四色渐变

用四种颜色对图像进行渐变填充，也可与图像进行不同模式的混合，如图 5-33 所示。

图 5-33　原图、"四色渐变"参数设置、"四色渐变"效果

（2）渐变

创建颜色渐变。可以创建线性渐变或径向渐变，并随时间推移而改变渐变位置和颜色。使用"渐变起点"和"渐变终点"属性可指定起始和结束位置。

（3）镜头光晕

模拟将强光投射到摄像机镜头中时产生的折射，其参数设置及视频效果如图 5-34 所示。

图 5-34　原图、"镜头光晕"参数设置、"镜头光晕"效果

（4）闪电

通过参数设置，模拟闪电和放电效果，如图 5-35 所示。

图 5-35　原图、"闪电"参数设置、"闪电"效果

7. 沉浸式视频类效果

是专门针对 VR 视频的效果，该视频效果共包括 11 种类型。

（1）VR 分形杂色

为 VR 素材添加分形杂色效果，可通过设置混合模式，与原始素材混合显示。

（2）VR 发光

可设置 VR 素材的发光效果。

（3）VR 平面到球面

反向变形，避免在 VR 视角下预览产生畸变。

（4）VR 投影

可调节 VR 素材的"平移""倾斜""滚动"效果。

（5）VR 数字故障

模拟电视信号干扰的效果。

（6）VR 旋转球面

设置 VR 素材围绕不同轴向，沿着球面旋转的效果。

（7）VR 模糊

设置 VR 素材的模糊效果。

（8）VR 色差

可分别调节不同颜色通道的色彩偏移效果。

（9）VR 锐化

通过提高像素间的对比度，增强素材的锐度。

（10）VR 降噪

通过减小像素间的对比度，对素材进行降噪处理。

（11）VR 颜色渐变

在素材之上产生 8 种颜色进行渐变填充，同时可以与素材进行不同模式的混合。

8. 视频类效果

视频类效果包含 4 种类型。

（1）时间码

在画面上实时显示当前播放进度的时间码，如图 5-36 所示。

（2）剪辑名称

在画面上显示时间轴上对应素材的名称，如图 5-37 所示。

（3）简单文本

在画面上显示简单文本，如图 5-38 所示。

（4）SDR 遵从情况

将 HDR 视频转换为 SDR 视频，以便在非 HDR 设备上播放。

图 5-36　显示"时间码"　　　图 5-37　显示"剪辑名称"　　　图 5-38　显示"简单文本"

9. 调整类视频效果

调整类视频效果主要用于调整素材的亮度、色彩、对比度等属性。

（1）ProcAmp

模仿标准电视设备上的处理放大器，可以同时调整剪辑的亮度、对比度、色相和饱和度，方便对色彩的几个要素进行同时调整，参数设置单一，如图 5-39 所示。

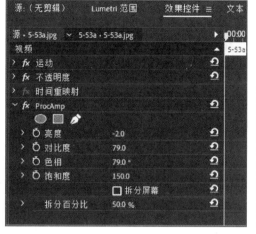

图 5-39　原图、"ProcAmp"参数设置、"ProcAmp"效果

（2）光照效果

对剪辑应用光照效果，最多可采用五种光照来产生有创意的照明氛围。可以控制光照类型、方向、强度、颜色、光照中心和光照传播之类的光照属性。还有一个"凹凸层"控件可以使用其他素材中的纹理或图案产生特殊光照效果。效果如图 5-40 所示。

图 5-40　原图、"光照"效果

（3）提取

可以去除剪辑的彩色信息，将彩色图像转换为灰度图，通过定义灰度级别可以控制图像的黑、白比例。

（4）色阶

可以通过调整图像中的高光、中间调和阴影范围，修正图像的颜色范围和色彩平衡。

10. 过渡效果

过渡类视频效果类似于视频转场效果，包括"块溶解""径向擦除""渐变擦除""百叶窗""线性擦除"等效果。不同过渡效果如图 5-41 所示。

11. 透视效果

可以为素材添加各种透视的效果。

图 5-41 原图、块溶解、渐变擦除、百叶窗、线性擦除

（1）基本 3D

可以使图像在模拟的三维空间中沿水平和垂直轴旋转，也可以使图像产生移近或拉远的效果。

（2）投影

可以在剪辑的后面产生阴影，投影的形状取决于剪辑的 Alpha 通道。

12. 通道效果

通道效果通过改变通道的属性来实现画面的色彩变化。

其中，"反转"效果可将剪辑的原色彩转换为该色彩的补色，效果如图 5-42 所示。

图 5-42 原图、"反转"效果

13. 键控效果

键控类视频效果主要用于对素材进行抠像处理，在影视制作中用于将不同的素材合成到一个画面中。

（1）Alpha 调整

可以根据上层素材的灰度等级来完成不同的叠加效果。

（2）亮度键

可抠出图层中具有指定亮度的区域。如果用于创建遮罩的对象与其背景相比有显著不同的亮度值，可使用此效果。

（3）超级键

可以在图像中吸取颜色设置透明，同时可设置遮罩效果。

（4）轨道遮罩键

通过一个剪辑(叠加的剪辑)显示另一个剪辑(背景剪辑),此过程中使用第三个文件作为遮罩,在叠加的剪辑中创建透明区域。此效果需要两个剪辑和一个遮罩,每个剪辑位于自身的轨道上。遮罩中的白色区域在叠加的剪辑中是不透明的,防止底层剪辑显示出来。遮罩中的黑色区域是透明的,而灰色区域是部分透明的。

（5）颜色键

颜色键效果可抠出所有类似于指定的主要颜色的图像像素。

（6）非红色键

可基于绿色或蓝色背景创建透明度。此键类似于蓝屏键效果,但是它还允许混合两个剪辑。此外,非红色键效果有助于减少不透明对象边缘的边纹。在需要控制混合时,或在蓝屏键效果无法产生满意结果时,可使用非红色键效果来抠出绿屏。

（7）差值遮罩

其创建透明度的方法是将源剪辑和差值剪辑进行比较,然后在源图像中抠出与差值图像中的位置和颜色均匹配的像素。通常,此效果用于抠出移动物体后面的静态背景。

（8）图像遮罩

图像遮罩键效果根据静止图像剪辑(充当遮罩)的明亮度值来抠出剪辑图像的区域。透明区域显示下方轨道中的剪辑的图像。可以指定项目中要充当遮罩的任何静止图像剪辑;它不必位于序列中。

（9）移除遮罩

可以使原来的蒙版区域扩大或减小,移除画面中遮罩的白色区域或黑色区域。

14. 颜色校正类视频效果

（1）ASC CDL

通过修改每个颜色通道的"斜率""偏移""功率",来修改图像色彩效果。

（2）Lumetri 颜色

提供专业质量的颜色分级和颜色校正工具,可以通过调整"基本校正""创意""曲线""色轮""HSL 辅助""晕影"等选项的参数值,对图像颜色效果进行综合校正。

（3）亮度与对比度

用来调节剪辑的亮度和对比度,其参数包括"亮度"和"对比度"。

（4）分色

用于删除指定颜色以外的颜色,可以将彩色图像转换为灰度,但图像的颜色模式保持不变。

（5）均衡

改变图像的像素值,以便产生更一致的亮度或颜色分量分布。此效果的功能类似于

Photoshop 中的"色调均化"命令。

(6) 更改为颜色

使用色相、亮度和饱和度(HLS)值把在图像中选择的颜色更改为另一种颜色,并保持其他颜色不受影响,如图 5-43 所示,参数设置如下。

- 自:用来设置当前图像中需要转换的颜色。
- 至:用来设置转换后的颜色。
- 更改:用来选择在 HLS 彩色模式下对哪个通道起作用。
- 更改方式:用来指定颜色的执行方式。
- 容差:用来设置色调、透明度、饱和度的值。
- 柔和度:用来设置可修改颜色的平滑程度。

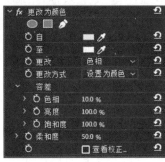

图 5-43 原图、"更改为颜色"参数设置、"更改为颜色"效果

(7) 更改颜色

用于改变图像中某种颜色区域的色相、饱和度或亮度,可通过选择一个基色并设置相似值来确定区域。

(8) 色彩

用来调整图像中包含的颜色信息,在最亮和最暗之间确定融合度。对于每个像素,明亮度值指定了两种颜色之间的混合。"将黑色映射到"和"将白色映射到"指定将明暗像素映射到的颜色。中间像素被分配中间值。"着色量"指定效果的强度。

(9) 视频限幅器

可限制 RGB 值以满足 HDTV 数字广播规范的要求。

(10) 通道混合器

通过使用当前颜色通道的混合组合来修改颜色通道。使用此效果可以轻松完成创意颜色调整,例如,通过选择每个颜色通道所占的百分比来创建高质量灰度图像,创建高质量棕褐色调或其他着色图像,以及交换或复制通道。

(11) 颜色平衡

通过调整高光、阴影和中间色调的红、绿、蓝的参数,来更改图像的总体颜色。

（12）颜色平衡（HLS）

通过对图像的色相、亮度、饱和度参数的调整，来改变图像色彩。

15. 风格化效果

风格化类视频效果可以模仿一些美术风格，丰富画面的效果。

（1）Alpha 发光

在蒙版 Alpha 通道的边缘周围添加颜色。该效果只对包含通道的剪辑有效，可以在 Alpha 通道的边缘产生一圈渐变辉光。

（2）复制

复制效果将屏幕分成多个拼贴，并在每个拼贴中显示整个图像。可通过拖动滑块来设置每个列和行的拼贴数，如图 5-44 所示。

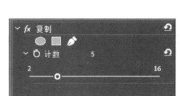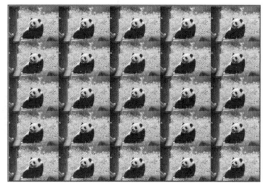

图 5-44　"复制"参数设置、"复制"效果

（3）彩色浮雕

可锐化图像中对象的边缘但不抑制图像的原始颜色，可以创建彩色的浮雕效果。

（4）查找边缘

可识别有明显过渡的图像区域并突出边缘。边缘可在白色背景上显示为暗线，或在黑色背景上显示为彩色线。如果应用查找边缘效果，图像通常看起来像草图或原图的底片，如图 5-45 所示。

图 5-45　原图、"查找边缘"效果

（5）浮雕

可锐化图像中的对象的边缘并抑制颜色，使图像产生浮雕的效果。

（6）画笔描边

可为图像创建粗糙的绘画外观，以产生类似水彩画的效果。

（7）粗糙边缘

使剪辑 Alpha 通道的边缘变粗糙。此效果可为栅格化文字或图形提供自然粗糙的外观，犹如受过侵蚀的金属或打字机打出的文字，如图 5-46 所示。

图 5-46　原图、"粗糙边缘"参数设置、"粗糙边缘"效果

（8）闪光灯

可以在视频播放中形成一种随机闪烁的效果，其参数设置如图 5-47 所示。

图 5-47　"闪光灯"视频效果参数设置

- 闪光色：设置闪光的颜色。
- 与原始图像混合：设置闪光与原图像的混合程度。
- 闪光持续时间：设置闪光持续的时间。
- 闪光周期：设置两个相同的闪光效果间隔的时间。
- 随机闪光几率：设置闪光的随机性。
- 闪光：设置闪光的方式。
- 闪光运算符：不同的运算符，产生的闪光效果不同。
- 随机植入：设置闪光的随机种子量，值越大，颜色产生的透明度越高。

（9）马赛克

使用纯色矩形填充剪辑，使原始图像像素化。此效果可用于模拟低分辨率显示或用于遮蔽脸部。

16. 过时类效果

(1) 阴影 / 高光

可以提高阴影部分的亮度,降低高亮部分的亮度。此效果适用于校正逆光拍摄的图像,如图 5-48 所示。

图 5-48　原图、"阴影 / 高光"参数设置、"阴影 / 高光"效果

(2) 书写

模拟使用画笔进行绘画、写字等效果。

(3) 单元格图案

可设置基于噪波形式的各类图案,如图 5-49 所示。

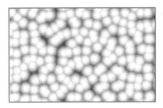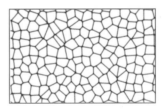

图 5-49　气泡、晶格化、枕状、管状

(4) 棋盘

创建棋盘网格并与素材相混合。

(5) 渐变

在图像上创建一个颜色渐变斜面,并可以使其与原素材融合。

(6) 网格

创建网格并与素材相混合。

(7) 杂色

使剪辑产生随机的噪波效果。

(8) "蒙尘与划痕"效果

改变相异的像素,模拟灰尘的噪波效果,可以用来制作老电影效果。

案例 10

变色脸谱——色彩替换等效果的应用

➤ **案例描述**

通过综合应用"颜色替换""轨道遮罩""球面化""色彩""Alpha 发光""投影"等视频效果,制作图像填充、变形、变色等合成动画效果,如图 5-50 所示。

图 5-50　案例效果

➤ **案例解析**

在本案例中,需要完成以下操作:

- 用"轨道遮罩"效果制作文字的图像填充效果;
- 用"色彩""Alpha 发光""投影"等效果,制作标题;
- 用"颜色替换"效果制作变色动画。
- 用"球面化"效果制作变形动画;
- 用"镜头光晕"效果制作光晕动画。

➤ **案例实施**

① 单击 Premiere 主屏幕上的"新建项目"按钮,设置项目名称为"案例 10",设置保存位置,单击"创建"按钮。在"项目"面板中新建"序列 01",应用默认设置。新建"颜色遮罩",设置颜色遮罩的颜色为 #1A77EA,命名为"颜色遮罩 01"。把"颜色遮罩 01"拖放到"V1"轨道,设置其开始点在第 0 帧处,持续时间设置为 20 秒。

② 导入素材"生 .png""旦 .png""末 .png""丑 .png",分别拖放到"V2""V3""V4""V5"轨道,设置 4 个剪辑的开始点都在第 0 帧处,持续时间都设置为 20 秒。在"效果控件"面板调整"缩放"与"位置",效果如图 5-51 所示。

③ 新建序列,命名为"主序列",参数采用默认设置。新建"颜色遮罩",设置颜色遮罩的颜色为 #B066C9,命名为"颜色遮罩 02"。把"颜色遮罩 02"拖放到主序列的"V1"轨道,设置其开始点在第 0 帧处,持续时间设置为 20 秒。把"序列 01"拖放到"主序列"的"V2"轨道,为"序列 01"添加"镜头光晕"效果。把时间指针移动到第 0 帧处,单击"光晕中心"前的"切换动画"开关,设置光晕中心的参数为(292.0,524.0),把时间指针移动到"00:00:20:00"处,设置光晕中心的参数为(1918.0,524.0)。光晕效果如图 5-52 所示。

图 5-51　序列 01 效果　　　　　　　图 5-52　镜头光晕效果

④ 选择"文字工具",在"节目"监视器中单击,输入文字"China",选择字体"Impact",设置文字的大小、位置,效果如图 5-53 所示(此操作同时在"V3"轨道创建了图形层)。为"V2"轨道的剪辑添加"轨道遮罩"效果,在"效果控件"面板设置"遮罩"为"视频 3",效果如图 5-54 所示。

图 5-53　创建文字　　　　　　　图 5-54　轨道遮罩效果

⑤ 复制"V3"轨道的剪辑,粘贴到"V4"轨道。设置"V4"轨道的文字参数如图 5-55 所示,其中描边颜色为 #C4C20F,阴影颜色为 #3F3F3F。制作效果如图 5-56 所示。

⑥ 为"V2"轨道的剪辑添加"球面化"效果,设置球面化的半径为 271.0,把时间指针移动到第 0 帧处,单击"球面中心"前的"切换动画"开关,设置位置参数为(-1120.0,558.0),把时间指针移动到"00:00:20:00"处,设置球面中心的参数为(2020.0,558.0)。球面化动画效果如图 5-57、图 5-58 所示。

⑦ 导入"祥云 .png"素材,重复拖放到"V5""V6"轨道。分别调整其"位置""缩放"属性。

图 5-55 文字参数

图 5-56 合成效果

图 5-57 球面化动画效果 1

图 5-58 球面化动画效果 2

把两个"祥云"都设置为"相除""混合模式",右下角位置"祥云"的"不透明度"设置为 33.0%,左上角位置"祥云"的"不透明度"设置为 3.0%,制作效果如图 5-59 所示。

⑧ 导入"京剧.png"素材,拖放到"V7"轨道。设置其开始点为"00:00:02:00",结束点为"00:00:20:00"。把时间指针移动到"00:00:02:00"处,单击"缩放"前的"切换动画"开关,设置参数为 100.0,把时间指针移动到"00:00:03:00"处,设置参数为 11。设置"位置"参数为(284.0,186.0)。为"V7"轨道的剪辑添加"色彩""Alpha 发光""投影"效果,参数设置如图 5-60 所示,其中"将黑色映射到"的颜色设置为 #AEC10E,"将白色映射到"的颜色设置为 #FFFFFF;"Alpha 发光"的"起始颜色"与"结束颜色"都是 #C0C0C0;"投影"的"阴影颜色"为 #000000。合成效果如图 5-61 所示。

⑨ 导入"脸谱.png"素材,拖放到"V8"轨道。设置其开始点为"00:00:02:00",结束

图 5-59 祥云效果

图 5-60 文字效果设置

图 5-61 文字效果

点为"00∶00∶20∶00"。为"V8"轨道添加"颜色替换"效果，把时间指针移动到"00∶00∶04∶00"处，分别单击"目标颜色""替换颜色"前的"切换动画"开关，用"目标颜色"右侧的吸管，从脸谱中需要修改颜色的位置取色，然后设置"替换颜色"。把时间指针移动到"00∶00∶05∶00"处，调整相应的颜色参数。以此类推，每间隔1秒调整一次颜色参数。设置面板如图5-62所示，颜色替换效果如图5-63所示。

图5-62　颜色替换设置

图5-63　颜色替换效果

⑩保存项目，导出媒体。完成后的播放效果如图5-50所示。

案例11

千里共婵娟——抠像等效果的应用

▷ 案例描述

使用"键控"类视频效果中的多种抠像工具，合成中秋主题视频，效果如图5-64所示。

图5-64　案例效果

▷ 案例解析

在本案例中，需要完成以下操作：

- 应用"颜色键"实现抠像效果；
- 应用"蒙版"实现抠像效果；
- 应用"亮度键"实现抠像效果。

▷ 案例实施

①单击Premiere主屏幕上的"新建项目"按钮，设置项目名称为"案例11"，设置保存位置，

单击"创建"按钮。在"项目"面板中新建"序列01",采用默认设置。导入素材"海.jpg"拖放到"V1"轨道,持续时间设置为15秒。在"效果控件"面板调整"缩放"与"位置",效果如图5-65所示。

② 导入素材"荷花.mov",重复拖放5次"荷花"到"V2"轨道,使它在轨道上衔接排列,持续时间设置为15秒。选择一段"荷花"剪辑,打开Lumetri面板,选择RGB曲线的蓝色通道,调整曲线如图5-66所示,调色后的荷花效果如图5-67所示。把"效果控件"面板上设置好的"Lumetri 颜色"效果复制到其他"荷花"剪辑。

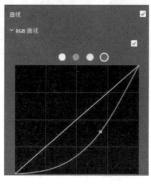

图 5-65　背景效果　　　　图 5-66　RGB 曲线调色　　　　图 5-67　荷花调色效果

③ 导入素材"白色粒子.mp4",拖放到"V3"轨道,持续时间设置为15秒。为"白色粒子"添加"亮度键"效果,去除其黑色背景,设置"亮度键"的"阈值"为100.0%,"屏蔽度"为80.0%。

④ 导入素材"嫦娥.jpg",拖放到"V4"轨道,持续时间设置为15秒,设置"缩放"为40.0,效果如图5-68所示。为"嫦娥"添加"颜色键"效果,用"效果控件"面板上"颜色键"的"主要颜色"右侧的吸管单击"嫦娥"图像上的黑色背景,然后调整"颜色容差""边缘细化"的参数值,设置如图5-69所示。为"嫦娥"添加"水平翻转"效果,然后调整其位置,效果如图5-70所示。

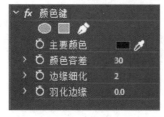

图 5-68　添加嫦娥素材　　　　图 5-69　颜色键参数　　　　图 5-70　嫦娥抠像翻转效果

⑤ 导入素材"灯笼.jpg",拖放到"V5"轨道,持续时间设置为15秒,如图5-71所示。单击"效果控件"面板"不透明度"选项下的"自由绘制贝塞尔曲线"工具,绘制如图5-72所示的蒙版(此操作用来隐藏灯笼下的祥云)。为"灯笼"添加"亮度键"效果,设置"阈值"为0.0%,"屏蔽度"为6.0%。去除背景后的灯笼效果如图5-73所示。

图 5-71　添加灯笼素材

图 5-72　蒙版
抠像效果

图 5-73　亮度键
抠像效果

⑥ 导入素材"诗句 .png",拖放到"V6"轨道,设置其开始点为"00:00:03:00"处,结束点为"00:00:15:00"处。调整"位置"与"缩放"参数,设置"混合模式"为"叠加"效果,如图5-74所示。

⑦ 为"诗句"剪辑添加"线性擦除"效果,把时间指针移动到"00:00:03:00"处,单击"过渡完成"前的"切换动画"按钮,设置"过渡完成"为 100.0%,擦除角度设置为 90.0°,"羽化"值为 100.0。把时间指针移动到"00:00:05:00"处,设置"过渡完成"的参数为 0.0%。

⑧ 把"灯笼"的"锚点"调整到其顶部,添加"旋转"关键帧,制作灯笼持续左右晃动的动画。为"嫦娥"添加"位置"关键帧,制作嫦娥持续上下浮动的动画。动画效果如图5-75所示。

图 5-74　"叠加"诗句效果

图 5-75　动画效果

⑨ 导入素材"落花 .mov",重复 2 次拖放到"V7"轨道,持续时间设置为 15 秒。保存项目,导出媒体。完成后的播放效果如图5-64所示。

案例 12

国潮——视频效果的创意应用

▶ 案例描述

综合应用多种视频效果,制作"国潮"元素的展示动画,效果如图5-76所示。

图 5-76　案例效果

▶ **案例解析**

在本案例中，需要完成以下操作：

- 应用"混合模式"合成背景；
- 应用"轨道遮罩键""颜色键"等抠像工具创建合成效果。
- 综合应用多种视频效果，实现复杂视频的制作。

▶ **案例实施**

① 单击 Premiere 主屏幕上的"新建项目"按钮，设置项目名称为"案例 12"。创建素材箱，命名为"序列 01"，把"背景""圆环""脸谱""彩旗 1"~"彩旗 4"素材导入素材箱。新建序列，命名为"序列 01"，采用默认设置。把"背景"拖放到"V1"轨道，持续时间设置为 5 秒。把"圆环"拖放到"V6"轨道。设置两个轨道上剪辑的"位置"与"缩放"参数，效果如图 5-77 所示。

② 把"彩旗 1"~"彩旗 4"拖放到"V2"~"V5"轨道，设置其在第 0 帧处的位置与旋转如图 5-78 所示。单击每个"彩旗"剪辑"效果控件"面板上的"旋转"选项前的"切换动画"按钮，然后时间指针移动到"00:00:01:00"处，设置"彩旗"的旋转效果如图 5-79 所示。

图 5-77　背景效果　　　　图 5-78　第 0 帧效果　　　　图 5-79　第 1 秒效果

③ 把时间指针移动到"00:00:01:00"处，使用"椭圆工具"绘制一个正圆形，填充颜色 #BFE429，效果如图 5-80 所示。把"脸谱"拖放到"V10"轨道，设置其开始点为"00:00:01:00"处，显示效果如图 5-81 所示。

④ 为"脸谱"剪辑添加"亮度键"效果，设置"亮度键"的"阈值"为 1.0%，"屏蔽度"为 0.0%，效果如图 5-82 所示。复制"V10"轨道的"脸谱"剪辑，分别粘贴到"V8""V9"轨道，把开始点都设置在"00:00:02:00"处。为"V10"轨道的"脸谱"剪辑添加两次"颜色替换"效果，分别设置"替换颜色"

图 5-80　绘制圆形效果

图 5-81　添加脸谱效果

为 #F4DA08、#FF1E00,效果如图 5-83 所示。

⑤ 为"V8""V9"的"脸谱"分别添加"颜色替换"效果,分别设置"替换颜色"为 #FF6000、#0000FF。调整"V8""V9"轨道上"脸谱"的锚点,分别单击"旋转"前的"切换动画"按钮,分别设置其旋转参数为 90°、–90°,把时间指针移动到"00:00:03:00"处,调整"V8""V9"轨道上"脸谱"的"旋转"参数为 0°。"00:00:02:00"处效果如图 5-84 所示。把所有轨道的结束点修改为"00:00:05:00"。

图 5-82　抠图效果

图 5-83　替换颜色效果

图 5-84　复制替换颜色效果

⑥ 新建序列,命名为"序列 02",采用默认设置。创建素材箱,命名为"序列 02",把"底纹2""圆环 2""祥云""飞天""灯笼""牡丹""旗袍""花旦""皮影"素材导入素材箱。

⑦ 创建颜色遮罩,设置其颜色为 #C5EF1C,把它拖放到"V1"轨道,持续时间设置为 12 秒。把"底纹 2"拖放到"V2"轨道,调整缩放到适合帧大小,设置其"混合模式"为"插值",不透明度为 5.0%。

⑧ 把"灯笼""牡丹""祥云""圆环 2"依次拖放到"V3"~"V6"轨道,调整位置、缩放参数,效果如图 5-85 所示。

⑨ 把"皮影"拖放到"V7"轨道,添加"水平翻转"效果,调整大小至适合的值。在第 0 帧位置,为"皮影"剪辑添加"位置"关键帧,设置"皮影"的位置如图 5-86 所示;在"00:00:01:00""00:00:02:00"处各添加关键帧,设置"皮影"位置如图 5-87 所示;在"00:00:03:00"处添加关键帧,设置"皮影"位置如图 5-88 所示。

⑩ 为"皮影"剪辑添加"方向模糊"效果,设置模糊的"方向"为 90.0°。添加"模糊长度"

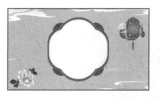
图 5-85　背景效果

图 5-86　皮影第 0 帧

图 5-87　皮影第 1~2 秒

图 5-88　皮影第 3 秒

关键帧,在第 0 帧位置,设置其参数为 20.0 ;在"00:00:01:00""00:00:02:00"处各添加关键帧,设置其参数皆为 0 ;在"00:00:03:00"处添加关键帧,设置其参数为 20.0。设置"V7"轨道上"皮影"剪辑的持续时间 3 秒。

⑪ 仿照"皮影"动画制作方法,分别在"V8""V9""V10"轨道上制作"花旦""旗袍""飞天"动画。动画时间间隔为 3 秒。此时时间轴上剪辑的排列如图 5-89 所示。

⑫ 同时选中"V7"~"V10"轨道上的剪辑,执行"序列"→"制作子序列"命令,生成如图 5-90 所示的子序列。

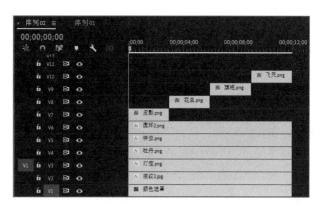
图 5-89　"序列 02"时间轴

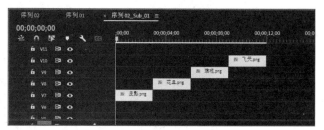
图 5-90　"序列 02_Sub_01"时间轴

⑬ 切换回"序列 02"的时间轴,删除"V7"~"V10"轨道上的剪辑,然后把"序列 02_Sub_01"拖放到"V7"轨道。把"遮罩"素材拖放到 V8 轨道,调整其"缩放"与"位置"属性,如图 5-91 所示。为"V7"轨道添加"轨道遮罩键"效果,在"效果控件"面板上设置"遮罩"为"视频 8"。遮罩效果如图 5-92 所示。

⑭ 新建序列,命名为"序列 03",采用默认设置。创建素材箱,命名为"序列 03",把"背景

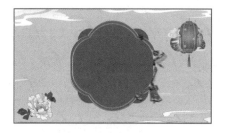
图 5-91　导入遮罩

图 5-92　轨道遮罩效果

3"诗书"围棋"水墨"龙舟"素材导入素材箱。创建颜色遮罩,设置其颜色为 #E6D198,把它拖放到"V1"轨道,持续时间设置为 6 秒。把"背景 3"拖放到"V3"轨道,调整"缩放"到适合帧大小,添加"颜色平衡"效果,参数设置如图 5-93 所示,调色效果如图 5-94 所示。

图 5-93　颜色平衡设置　　　　　　　　图 5-94　调色效果

⑮ 为"V3"轨道添加"颜色键"效果,用"主要颜色"右侧的吸管吸取背景中间位置圆形内的颜色,设置"颜色容差"为 8,其他参数皆为 0。抠像效果如图 5-95 所示。

⑯ 把"水墨"诗书"围棋"龙舟"依次拖放到"V2"轨道,设置"龙舟"的持续时间为 3 秒,其他 3 个剪辑的持续时间都是 1 秒。调整"位置"缩放"属性,使"V2"轨道的剪辑可透过"V3"轨道的抠像部分完美呈现,如图 5-96 所示。

图 5-95　抠像效果　　　　　　　　图 5-96　透过抠像轨道合成效果

⑰ 把时间指针移动到"00:00:03:00"处,选择"文字工具",在"节目"监视器中单击,在文本框中输入文字"国潮"。在"基本图形"面板的"文字"选项下设置字体为"字魂 49 号 – 逍遥行书",文字大小为 310,填充颜色为 #FFFFFF,描边颜色为 #26BEE4,描边宽度为 2.0,阴影颜色为 #3F3F3F,如图 5-97 所示。为文字轨道添加"波形变形"效果,参数设置如图 5-98 所示,文字效果如图 5-99 所示。

⑱ 新建序列,命名为"主序列",采用默认设置。导入"落花 .mov"bj.mp3"素材。把"序列 01"序列 02"序列 03"依次拖放到"V1"轨道。3 次拖放"落花 .mov"到"V2"轨道,把"bj.mp3"拖放到"A2"轨道。把"V2"轨道与"A2"轨道位于"V1"轨道结束点以后部分裁剪掉。把"恒定功率"音频效果拖放到"A2"轨道剪辑的末尾。主序列时间轴如图 5-100 所示。

⑲ 保存项目,导出媒体。完成后的播放效果如图 5-76 所示。

图 5-97　文字
参数设置

图 5-98　波形变形参数

图 5-99　文字效果

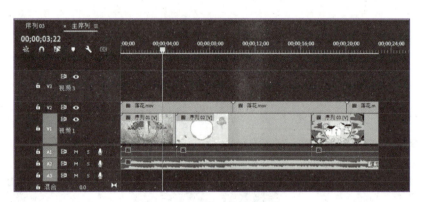

图 5-100　主序列时间轴

思考与实训

一、填空题

1.　_____类视频效果可以为素材添加各种透视效果,如三维、阴影、倾斜等。

2. 在 Premiere 中,通过设置_____可以使效果随时间推移而改变。

3.　_____类效果可以让素材形状产生二维或三维变化,也可以使图像进行翻转,还可以将素材中不需要的部分进行裁剪。

4. 去除影片中的背景或不需要的部分,应该使用_____类效果。

5.　_____类视频效果可以模仿一些美术风格,丰富画面的效果。

6. 模仿摄像机对焦不准的拍摄的画面,应使用_____效果。

7. 单击效果选项前面的_____按钮,可以为素材在当前时间指针所在位置添加一个效果关键帧。

8.　_____提供专业质量的颜色分级和颜色校正工具,可以通过调整"基本校正""创意""曲线""色轮""HSL 辅助""晕影"等选项的参数值,对图像颜色效果进行综合校正。

9. _____效果创建透明度的方法是将源剪辑和差值剪辑进行比较,然后在源图像中抠出与差值图像中的位置和颜色均匹配的像素。

10. _____视频效果通过改变素材播放的帧速率来回放素材,输入较低的帧速率会产生跳帧的效果。

二、上机实训

1. 使用素材"2.1",创建如图 5-101 所示的动态纹理文字(关键词:"轨道遮罩键"、子序列)。

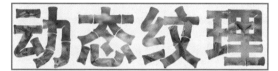

图 5-101　动态纹理文字效果

2. 使用素材"2.2",创建如图 5-102 所示的光晕效果。

3. 使用素材"2.3",为汽车号牌添加马赛克,如图 5-103 所示。

4. 使用素材"2.4",创建如图 5-104 所示的动态波纹效果。

5. 使用素材"2.2",创建如图 5-105 所示的梦幻效果。

图 5-102　光晕效果　　　　　图 5-103　局部马赛克效果

图 5-104　动态波纹效果　　　　　图 5-105　梦幻效果

案例 13

一览众山小——创建标题字幕

> **案例描述**

使用"文字工具"创建标题字幕。字幕播放效果如图 6-1 所示。

图 6-1 案例效果

> **案例解析**

在本案例中,需要完成以下工作:

- 使用"文字工具"输入文字,为文字填充颜色、添加描边、阴影,调整位置、大小;
- 用"对齐和变换"工具组对齐、分布文字对象;
- 用"形状蒙版"制作"擦除"动画效果。

> **案例实施**

① 单击 Premiere 主屏幕上的"新建项目"按钮,设置项目名称为"案例 13",指定项目保存位置,关闭主屏幕右侧"导入设置"面板上的"创建新序列"选项。选择"泰山极顶.jpg"图片素材,单击"创建"按钮。

② 新建序列,选择"DSLR 1080p30"预设,设置序列名称为"主序列"。把"泰山极顶.jpg"图片素材拖放到"V1"轨道,设置持续时间为 30 秒。

③ 把时间指针定位到"00:00:00:00"处,单击"工具箱"中的"文字工具"T,然后在"节目"监视器中单击,系统会自动在空白轨道创建一个"图形"层。在光标后输入"望岳",效果

如图 6-2 所示。

④ 设置此字幕图形的持续时间为 30 秒。选择输入的文字，打开"基本图形"面板，设置文字的参数，"字体大小"为 121，"字体"为"方正行楷简体"，"填充"为 #FFFFFF，"描边"颜色为 #106AF2，描边宽度为 1，"阴影"参数依次为 #3F3F3F、75%、135°、7.0、0.0、40。参数设置如图 6-3 所示，字幕效果如图 6-4 所示。

提示：

　　如果部分文字无法正确显示为设置的字体，原因是字库中部分文字缺失，建议更换为其他字体。

⑤ 单击轨道的空白处，以取消对"V2"轨道的选择。把时间指针定位到"00:00:05:00"处，单击"工具箱"中的"文字工具"，在节目监视器中创建字幕文本，输入诗句的第 1 句。设置"字体大小"为 78，其他参数与图 6-4 所示文字的参数相同。输入诗句第 1 句的效果如图 6-5 所示。

图 6-4　字幕效果

图 6-2　在节目监视器中输入文字　　　图 6-3　字幕参数设置　　　图 6-5　诗句效果

⑥ 选择"V3"轨道，单击"基本图形"面板上的"新建图层"按钮 ▣，在弹出菜单中选择"文本"，如图 6-6 所示，输入诗句的第 2 句（新输入的文字会继承最近的设置参数）。然后重复两次"新建图层"，分别输入诗句的第 3 句、第 4 句。同时选中 4 句诗文字幕，使用"基本图形"面板上的"对齐""分布"按钮进行排版操作。字幕效果如图 6-7 所示，"基本图形"面板上的图层排列如图 6-8 所示。

图 6-6　新建文本层　　　　　图 6-7　字幕效果　　　　　图 6-8　图层分布情况

⑦ 制作文字的擦除显示效果。复制"V3"轨道,分别粘贴到"V4""V5""V6"轨道。设置"V4""V5""V6"轨道内容的"开始"点分别为第10秒、15秒、20秒位置。设置所有轨道的"结束"点都在"00:00:30:00"处。轨道分布如图6-9所示。

⑧ 选择"V3"轨道内容,单击"基本图形"面板上的"新建图层"按钮,在弹出菜单中选择"矩形",调整矩形的大小与位置使其刚好可以覆盖第1句诗,如图6-10所示。

图6-9　轨道分布

图6-10　创建矩形

⑨ 把时间指针定位到"00:00:10:00"处,单击"V3"轨道,选择新创建的矩形,单击如图6-11所示的"切换动画的位置"按钮■,然后把时间指针定位到"00:00:05:00"处,拖放矩形到如图6-12所示的位置。勾选"基本图形"面板上"外观"选项卡上的"形状蒙版"选项。

图6-11　"切换动画的位置"按钮

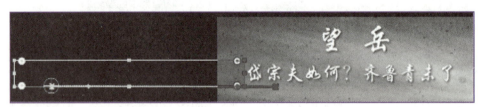

图6-12　设置"形状蒙版"动画

⑩ 仿照步骤⑧和⑨,分别为"V4""V5""V6"轨道制作形状蒙版动画。在"V2"轨道的入点处添加"交叉溶解"过渡效果,设置"过渡持续时间"为2秒15帧。保存项目,导出媒体,完成后的播放效果如图6-1所示。

6.1　"基本图形"面板

"基本图形"面板包含了"浏览""编辑"两个选项卡。通过"浏览"选项卡可浏览Adobe Stock中的动态图形模板(.mogrt文件),如图6-13所示。通过"编辑"选项卡可以对齐和变换图层、更改图形外观属性、编辑文本属性,以及为图形添加关键帧制作动画,如图6-14所示。

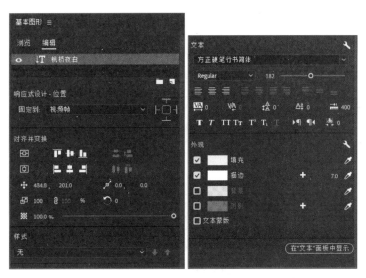

图 6-13　"浏览"选项卡　　　　　　　　图 6-14　"编辑"选项卡

1. 动态图形模板

(1) 使用动态图形模板

单击"浏览"选项卡,可以轻松地将列表中经过专业设计的模板拖到自己的时间轴中,然后按需求进行修改使用。如图 6-15 所示,把模板拖放到时间轴后,通过"编辑"选项,对文字、配色等参数进行修改。

(2) 将图形导出为动态图形模板

可以将图形(包括所有图层、效果和关键帧)导出为动态图形模板,以供未来重复利用或共享。

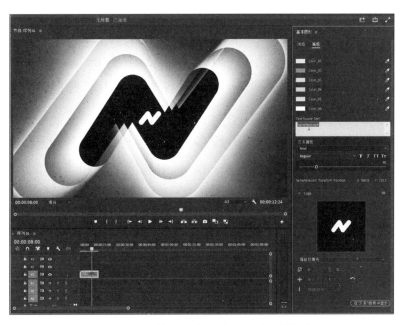

图 6-15　使用并自定义动态图形模板

导出模板操作：选择图形，执行菜单"图形和标题"→"导出为动态图形模板"命令；也可以右击时间轴中的图形剪辑，然后选择"导出为动态图形模板"命令。

> **注意：**
>
> 此导出功能仅可用于在 Premiere 中创建的图形，而不可用于最初在 After Effects 中创建的 .mogrt 文件。

2. 图层

Premiere 中的图层与 Photoshop 中的图层相似。Premiere 中的图层分为文本、形状和剪辑 3 种形式。序列中的单个"视频"轨道项内可以包含多个图层。创建新图层时，时间轴中会同时添加包含该图层的图形剪辑，且剪辑的开头位于时间指针所在的位置。如果已经选定了图形轨道项，则创建的下一个图层将被添加到现有的图形剪辑。如图 6-16 所示的"V1"轨道包含了如图 6-17 所示的三个图层，三个图层在节目监视器中叠加显示的效果如图 6-18 所示。

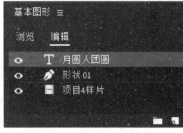

图 6-16　图形轨道　　　　图 6-17　图层排列　　　　图 6-18　图层的叠加显示效果

（1）创建文本图层

可以使用以下任一方法创建文本图层。

- 选择"工具箱"中的"文字工具"，在"节目"监视器中单击，输入文字。
- 在"基本图形"面板中的"编辑"选项卡中，选择"新建图层"图标，然后选择"文本"命令。

（2）创建形状图层

使用"工具箱"中的钢笔、矩形、椭圆和多边形工具或"基本图形"面板中的"新建图层"→"矩形（椭圆/多边形）"命令，即可在 Premiere 中创建形状和路径。

（3）创建剪辑图层

将静止图像和视频剪辑作为图层添加到图形中即可创建剪辑图层。可以使用以下任一方法创建剪辑图层。

- 在"基本图形"面板的"编辑"选项卡中，单击"新建图层"按钮，然后选择"来自文件"命令，选择要导入的文件。
- 选择菜单"图形"→"新建图层"→"来自文件"命令，选择要导入的文件。

● 在"项目"面板中选择静止图像或视频,拖放到"基本图形"面板的"图层"面板中,或拖放到时间轴中的现有图形上。

3. 对齐与变换

(1) 对齐对象

在"基本图形"面板中选择图层,然后单击"编辑"选项卡中的对齐按钮即可对齐对象。例如,选择如图 6-19 所示 4 个对象,单击如图 6-20 所示的"垂直居中对齐"按钮,对齐效果如图 6-21 所示。

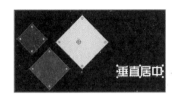  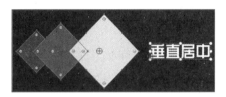

图 6-19　选择对象　　　图 6-20　选择对齐方式　　　图 6-21　对齐效果

(2) 分布对象

使用分布选项可移动文本或形状对象,使其中心的距离彼此相等。例如,选择如图 6-22 所示 3 个对象,单击如图 6-23 所示的"水平均匀分布"按钮,分布效果如图 6-24 所示。

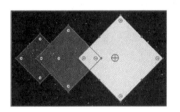  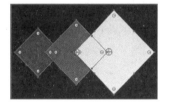

图 6-22　选择对象　　　图 6-23　选择分布方式　　　图 6-24　分布效果

(3) 分布对象之间的间距

使用分布间距选项可以通过移动文本或形状对象,使它们的边缘彼此之间距离相等。例如,选择如图 6-25 所示 3 个对象,单击如图 6-26 所示的"水平分布空间"按钮,分布效果如图 6-27 所示。

图 6-25　选择对象　　　图 6-26　选择分布方式　　　图 6-27　分布效果

提示:

分布三个对象时,仅会移动内部对象,以便与外部对象的距离均匀分布。

（4）使用"基本图形"面板制作动画

在"基本图形"面板中，可以直接使用关键帧为文本图层、形状图层和路径制作动画。操作步骤如下：

① 在"基本图形"面板中，选择要制作动画的图层，如图6-28所示。

② 单击要制作动画的属性（位置、锚点、缩放、旋转或不透明度）旁边的图标。如图6-29所示，单击"切换动画的位置"按钮。

此操作将打开属性的动画。所选属性的图标变为蓝色表示动画为活动状态。在"基本图形"面板中单击此按钮与在"效果控件"面板中单击"秒表"按钮的效果相同。此处切换开启一个"位置"的动画。

在"基本图形"面板中切换开启动画后，每次更改动画属性时，都会向基本图形面板或时间轴添加一个新的关键帧。

③ 在"基本图形"面板中或直接在"节目"监视器中移动时间指针并调整此属性参数（本例为"位置"属性），以录制关键帧，如图6-30所示。

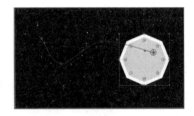

图6-28 选择对象　　　　图6-29 设置动画属性　　　　图6-30 录制关键帧

④ 在"效果控件"面板中优化动画效果，或者使用"显示剪辑关键帧"选项调整时间轴中的关键帧以优化动画效果。

4. 样式

可以将字体、颜色和大小等文本属性定义为样式。使用此功能，可以对时间轴中不同图形的多个图层快速应用相同的样式。

为图形剪辑或图形剪辑中的文本图层应用样式之后，文本会自动继承来自样式的所有更改，可以一次更改多个图形。

要创建样式，可执行以下操作：

① 在时间轴中选择图形剪辑，然后导航到"基本图形"面板的"编辑"选项卡。

② 选择文本图层，并根据对字体、大小和外观的需要设置样式属性，如图6-31所示。

③ 获得所需的外观后，在下拉列表的样式部分下，选择创建样式，如图6-32所示。

④ 命名文本样式，然后单击"确定"按钮。

创建样式后，该样式的缩览图将添加到"项目"面板中，同时也出现在样式下拉列表中。然后，可对项目中的其他文本图层和图形剪辑应用此样式。要同时更新图形中的所有文本图

图 6-31　设置样式属性　　　　　　　图 6-32　创建样式

层,可以将"样式"项从"项目"面板中拖放到时间轴中的图形上。

5. 文本

选择文本对象,"基本图形"面板中即会显示如图 6-33 所示的文本属性选项,可在此设置字体、字号、段落等基本属性。

文本属性区域中各项设置功能如下:

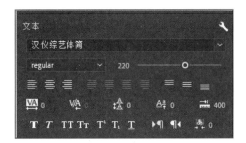

图 6-33　文本属性选项

● 字体:设置字体。单击后会出现系统中所安装字体的列表,单击字体名称即可选择所需字体。

● 字体大小:设置输入文本的大小。拖动此处的滑块即可改变字号大小,也可单击数字,然后直接输入需要的值。

● 左对齐文本:设置段落文本的左对齐。(其他对齐方式不再赘述)

● 字距调整:设置文字间的距离。

● 字偶间距:单独调整两个文字间的距离。(选择单个字符时可激活此选项)

● 行距:设置文字的行间距。

● 基线位移:设置文字偏移基线的距离,数值为正数基线上移,数值为负数基线下移。如图 6-34 所示,"金山"基线值为默认(0),"绿水青山"基线值为 -60,"银山"基线值为 60。

● 仿粗体:加粗文字。

● 倾斜:设置对象的倾斜程度。如图 6-35 所示为原始文字,图 6-36 所示为加粗与倾斜的效果。

● 全部大写字母:可以把选中的英文字符改为大写。

● 小型大写字母:转换为大写字母,其大小比默认大写字母小。

● 上标:转换为上标。

● 下标:转换为下标。如图 6-37 所示为全部大写字母效果,图 6-38 所示为小型大写字母效果,图 6-39 所示为上标、下标效果。

图 6-34　基线位移　　　　　　图 6-35　原始文字　　　　　　图 6-36　加粗倾斜效果

图 6-37　全部大写字母　　　　　图 6-38　小型大写字母　　　　图 6-39　上标下标

- 下划线：为文字添加下划线。
- 从左至右输入：输入时，新输入的文字从左侧往右排列。
- 从右至左输入：输入时，新输入的文字从右侧往左排列。
- 比例间距：按百分比调整字符的间距。

6. 外观

"外观"面板如图 6-40 所示。

(1) 填充

可为文本或形状填充颜色。如图 6-41 所示，为文本填充了线性渐变颜色。

图 6-40　"外观"面板　　　　　　　图 6-41　线性渐变填充效果

(2) 描边

① 创建多个描边。可以为同一个对象创建多个描边，以创建意想不到的特殊效果。在"基本图形"面板中选择文本、形状或图层，单击"描边"旁边的复选框，设置描边的颜色和描边宽度属性即可添加描边。单击"描边"旁边的"+"图标，可以创建多个描边。如图 6-42 所示是在图 6-41 所示的基础之上添加了 3 个描边的效果，描边设置如图 6-43 所示。

 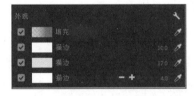

图 6-42　多个描边效果　　　　　　图 6-43　描边设置

② 更改描边样式。在"基本图形"面板中选择图层，并导航到"编辑"选项卡。在"外观"面板选择"扳手"按钮 ，即可打开如图 6-44 所示的"图形属性"选项卡。通过以下设置即更改描边样式。

- 线段连接：可将线段设置为斜接、圆角和斜切。如图 6-45 所示的"线段连接"方式从左至右分别为斜接连接、圆角连接、斜面连接。

● 线段端点:可将线段端点设置为平头、圆头或方头。如图 6-46 所示的"线段端点"从左至右分别为平头端点、圆头端点、方头端点。

图 6-44　设置图形属性　　图 6-45　斜接连接、圆角连接、斜面连接　　图 6-46　平头端点、圆头端点、方头端点

(3) 背景

通过编辑文本背景可以强化对象效果。可为文本的背景添加圆角边缘,填充颜色、不透明度等效果。如图 6-47 所示,为文本添加了圆角彩色背景。

(4) 阴影

可以为同一个对象创建一个或多个阴影,添加多个阴影,可创建许多有趣的效果。创建步骤如下。

图 6-47　圆角文本背景

① 在基本图形面板中选择文本、形状或图层,如图 6-48 所示。

② 单击阴影旁边的复选框,启用图层的阴影。(单击阴影旁边的"+"图标,可创建多个阴影)

③ 调整阴影的不透明度、角度、距离、大小和模糊度。阴影效果如图 6-49 所示,参数设置如图 6-50 所示。

(5) 文本(形状)蒙版

在"基本图形"面板的图层堆叠中,蒙版将隐藏本图层的内容,并显示图形下方的其他图层部分。

图 6-48　选择对象

图 6-49　阴影效果　　图 6-50　阴影设置

在"基本图形"面板的"编辑"选项卡中,选择文本图层或图形图层,然后选择"外观"部分的"形状蒙版"或"文本蒙版"复选框即可设置为蒙版。如图 6-51 所示为未启用文本蒙版的效果,图 6-52 所示为启用了文本蒙版的效果。

如果已创建图层组,设置蒙版图层时,该蒙版仅适用于该图层所在组的其他图层,蒙版不会扩展到该组以外的图层。

图 6-51　未启用蒙版　　　图 6-52　启用蒙版

案例 14

劳模精神——通过"转录序列"创建字幕

➤ **案例描述**

通过"转录序列"创建与对白同步的说明性字幕,字幕播放效果如图 6-53 所示。

图 6-53　标题字幕与说明性字幕效果

➤ **案例解析**

在本案例中,需要完成以下工作:

- 用"转录序列"制作说明性字幕,通过"基本图形"面板修改字幕属性;
- 用"文字工具"制作标题字幕,为标题字幕创建"裁剪""缩放""不透明度"等动画效果。

➤ **案例实施**

① 单击 Premiere "主页"屏幕上的"新建项目"按钮,设置项目名称为"案例 14",指定项目保存位置,选择素材"劳动精神 .mp4"和"劳动精神内涵 .mp3",设置"创建新序列"的名称为"劳动精神",单击"创建"按钮。

② 把"劳动精神内涵.mp3"拖放到"A2"轨道,设置其开始点为"00:00:02:19"处。单击"文本"选项卡上的"转录序列"按钮 ,打开如图 6-54 所示的"创建转录文本"对话框,设置语言为"简体中文",从"音轨正常"下拉列表中选择"音频 2",单击"转录"按钮。转录完成后生成的文本如图 6-55 所示。

图 6-54　"创建转录文本"对话框

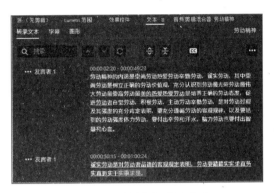

图 6-55　转录生成的文本

③ 单击"创建说明性字幕"按钮 **CC**,打开"创建字幕"对话框,选择"从序列转录创建"单选按钮和"单行"单选按钮,其他参数采用默认值,如图 6-56 所示。单击"创建"按钮,创建完成的字幕显示在"文本"面板的"字幕"选项卡上,如图 6-57 所示。同时,在时间轴上会自动生成"副标题"字幕轨道,如图 6-58 所示。

图 6-56　"创建字幕"对话框

图 6-57　创建的字幕

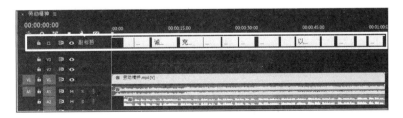

图 6-58　字幕轨道(白色方框内)

④ 双击"字幕"选项卡上的字幕内容,可以对转录错误的字幕文本进行修改,如图 6-59 所示在转录的文本上添加了标点符号。拖动时间指针可以预览字幕效果,如图 6-60 所示。

图 6-59　修改字幕文本　　　　　　　　图 6-60　默认字幕效果

⑤ 选择字幕文本,在"基本图形"面板的"编辑"选项卡中修改字幕文本属性,设置字体为"字魂 73 号 - 江南手书",字体大小为 72,填充颜色为 #FFFFFF,背景颜色为 #687578,背景透明度为 60%,背景角半径为 10,阴影颜色为 #000000,阴影不透明度为 50%,阴影角度为 135°,阴影距离为 3.0,阴影大小为 6.0,阴影模糊为 12。字幕效果如图 6-61 所示。

⑥ 单击"基本图形"面板上"轨道样式"下的下拉菜单按钮,选择"创建样式",在弹出的对话框中输入新建样式的名称,单击"确定"按钮,如图 6-62 所示。Premiere 会自动把这一样式应用到整个字幕轨道。

图 6-61　自定义字幕效果　　　　　　　图 6-62　新建样式

⑦ 创建标题字幕。把时间指针定位到"00:00:00:00"处,选择"文字工具",在"节目"监视器上输入文字"劳动精神",设置文字属性字体为"字魂 49 号 - 逍遥行书",字体大小为 268,填充颜色为 #E49314,描边颜色为 #FFFFFF,描边宽度为 6.0。字幕效果如图 6-63 所示。设置字幕的结束点为"00:00:02:18"处。

⑧ 为"V2"轨道上标题字幕添加"裁剪"视频效果。打开"效果控件"面板,为"裁剪"的"右侧"属性创建关键帧。在"00:00:00:00"处设置关键帧参数为 77.0%,在"00:00:01:09"处设置关键帧参数为 0.0%。标题字幕动画效果如图 6-64 所示。

⑨ 创建片尾标题字幕。把时间指针定位到"00:00:52:14"处,选择"文字工具",在"节目"监视器上输入文字"劳动最光荣",设置文字属性与步骤⑦ 的文字属性相同。设置字幕的结束点为"00:01:01:10"处。

图6-63　标题字幕

图6-64　标题字幕动画效果

⑩ 打开"效果控制"面板,为片尾文字制作"缩放"动画,在"00:00:52:14"处设置关键帧参数为60,在"00:01:01:10"处设置关键帧参数为100。为文字制作"不透明度"动画,在"00:00:52:14"处设置关键帧参数为0.0%,在"00:00:52:24"处设置关键帧参数为100%。

⑪ 保存项目,导出媒体,完成后的播放效果如图6-53所示。

6.2　字幕

字幕使视频更易于理解与接受,可以像编辑任何其他视频轨道一样对字幕轨道进行编辑。如图6-65所示,字幕和图形工作区包含以下区域。

图6-65　字幕和图形工作区

- "文本"面板(A):可以在其中编辑文本。
- "节目"监视器(B):可以看到字幕的显示效果。
- "基本图形"面板(C):可以在其中编辑字幕的外观。
- 字幕轨道(D):可以在轨道中编辑字幕。

创建字幕的方法有:自动将语音转换为文本、从第三方软件导入字幕文件、手动添加字幕3种。

1. 自动将语音转换为文本

借助Premiere中的语音到文本功能,可以自动生成转录文本并为视频添加字幕。具体操作:

在"转录文本"选项卡中自动转录视频,生成字幕,然后可在"字幕"选项卡及"节目"监视器中进行编辑。字幕在时间轴上有自己的轨道,使用"基本图形"面板中的设计工具可定义字幕样式。

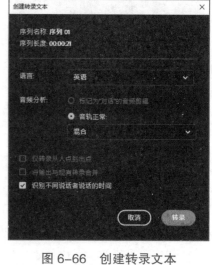

图 6-66　创建转录文本

(1) 从视频(音频)转录文本

此方法是创建字幕最简单、最快捷的方法。步骤如下:

① 打开"文本"选项卡。

② 在"转录文本"选项卡中,单击"创建转录"按钮 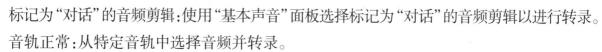,然后选择转录文本选项,如图 6-66 所示。

● 语言:选择视频中的语言。

● 音频分析:

标记为"对话"的音频剪辑:使用"基本声音"面板选择标记为"对话"的音频剪辑以进行转录。

音轨正常:从特定音轨中选择音频并转录。

● 仅转录从入点到出点:如果已标记入点和出点,则可以指定 Premiere 转录该范围内的音频。

● 将输出与现有转录合并:在特定入点和出点之间进行转录时,可以将自动转录文本插入到现有文本中。选择此选项可在现有转录文本和新转录文本之间建立连续性。

● 识别不同说话者说话的时间:序列或视频中有多个说话者时选择启用识别。

③ 单击"转录"按钮。

Premiere 开始转录,并在"转录文本"选项卡中显示结果。

(2) 编辑转录中的发言者

① 单击发言者旁边的"..."按钮。

② 选择编辑发言者。

图 6-67　编辑发言者

③ 在"编辑发言者"对话框中,单击"编辑"按钮可以更改发言者的名称。要添加新发言者,可单击添加发言者并更改名称,如图 6-67 所示。

④ 单击"保存"按钮。

(3) 查找和替换转录的文本

① 在搜索文本框中输入搜索词。Premiere 会突出显示搜索词在转录文本中的所有实例,如图 6-68 所示。

图 6-68　搜索文本

② 使用向上和向下箭头浏览搜索词的所有实例。

③ 单击"替换"按钮  并输入替换文本。如果仅替换搜索词的选定实例,单击"替换"按钮;如果替换搜索词的所有实例,单击"全部替换"按钮。

（4）其他转录选项

使用位于"转录文本"选项卡顶部的"拆分区段"和"合并区段"选项可以拆分与合并转录文本分段。

单击"转录文本"选项卡右上角的"…"按钮，打开如图 6-69 所示的其他选项菜单，可进行其他相关操作。

（5）生成字幕

对转录文本编辑完成后，即可将其转换为时间轴上的字幕。

① 单击"创建说明性字幕"按钮，打开如图 6-70 所示的对话框。

图 6-69　其他选项　　　　　图 6-70　"创建字幕"对话框

- 从序列转录创建：使用序列转录文本创建字幕。（这是默认选项）
- 创建空白轨道：当手动添加字幕或将现有 .srt 文件导入时间轴时，选择此选项。
- 字幕预设："字幕默认设置"选项适用于大多数作品类型。
- 格式：选择想要为视频设置的字幕格式类型。
- 流：一些字幕格式（如 Teletext）有不同的广播流，可以在此设置所需的广播流。
- 样式：如果已保存了字幕样式，可以在此处选择它们。
- 字幕的长度、持续时间和间隔：用于设置每行字幕文本的最大字符数和最短持续时间及字幕之间的间隔。
- 行数：选择字幕的行数，排成一行还是分成两行。在大多数情况下，使用默认设置即可。

② 单击"创建"按钮。

Premiere 会创建字幕并将其添加到时间轴上的字幕轨道中，字幕与视频中的对白节奏保持一致。

2. 从第三方软件导入字幕文件

如果已经拥有使用第三方软件制作的字幕文件，可以直接将其导入到 Premiere 中。操作方法如下：

① 如同导入其他媒体一样，将 SRT 文件导入 Premiere 项目。

② 将 SRT 文件从"项目"面板拖动到序列中。Premiere 会新建一个字幕轨道，并将字幕放置在轨道上。

3. 手动添加字幕

如果序列较短，可以选择手动转录序列。

① 在"文本"面板中，单击"创建新字幕轨"按钮 。

② 在打开的"新字幕轨道"对话框中，可以选择字幕轨道格式和样式，如图 6-71 所示。

③ 单击"确定"按钮创建轨道。Premiere 会将新的字幕轨道添加到当前序列。

④ 将时间指针放置在第一段对话的开头。单击"文本"面板中的"添加新字幕分段"按钮 添加空白字幕，如图 6-72 所示。

图 6-71 "新字幕轨道"对话框

图 6-72 新建的空白字幕

提示：

使用音频中的波形有助于将字幕文本与音频对齐。

⑤ 双击"文本"面板或"节目"监视器中的"新建字幕"，输入字幕文本。

⑥ 在时间轴中修剪字幕的"终点"，以便与对话的结尾对齐。

⑦ 以相同的方式为序列中的其余音频添加字幕。

4. 为字幕创建样式

创建"轨道样式"后可以在整个字幕轨道中使用统一的样式。样式会保存"基本图形"面板中所做的所有设置，包括字体、对齐方式、颜色等。为一段字幕设置"轨道样式"后，该样式会应用到轨道上的所有字幕。也可以对不同的轨道使用不同的样式。

（1）创建样式

可执行以下操作：

① 编辑字幕文本的样式。

② 在"基本图形"面板的"轨道样式"部分中,选择"创建样式"。

③ 在打开的"新建文本样式"对话框中,为新的样式指定一个名称,单击"确定"按钮。

(2) 更改样式

① 推送至轨道或样式。

首先,设置字幕属性,调整为想要的新外观。然后,通过单击"推送至轨道或样式"按钮  将此样式推送至轨道上的所有字幕,如图 6-73 所示。

图 6-73　"推送样式属性"对话框

- 轨道上的所有字幕:仅更新此轨道上的字幕。

- 项目样式:更新项目中此样式的所有使用情况。

② 从样式中同步。如果要把新更改的字幕属性恢复为已保存过的样式,可单击"从样式中同步"按钮 。

5. 滚动字幕

可以通过启用"滚动",创建在屏幕上垂直移动的字幕。当启用"滚动"时,会在"节目"监视器中看到一个透明的蓝色滚动条。拖动滚动条,可以滚动显示滚动字幕中的文本和图形,以便进行编辑,如图 6-74 所示。

图 6-74　设置滚动字幕

要启用"滚动",可执行以下操作:

① 在时间轴中选择图形,然后导航到"基本图形"面板的"编辑"选项卡。

② 选择时间轴上的图形。

注意:

要确保取消选中"节目"监视器中的文本图层。如果在"节目"监视器中选择了一个或多个图层,则不会显示"滚动"选项。

③ 选中"滚动"旁边的复选框以启用滚动字幕。

④指定是否要让文本或其他图层在屏幕外开始或结束。

⑤设置每个属性的时间码,调整预卷、过卷、缓入及缓出的时间。

各项参数如下。

• 启动屏幕外:选中该项,字幕将从屏幕外滚入。如果不选该项,当字幕窗口的垂直滚动条移到最上面时,所显示的字幕位置就是其开始滚动的初始位置。可以通过拖动字幕来修改其初始位置。

• 结束屏幕外:选中该项,字幕将完全滚出屏幕。不选该项,如果字幕高度大于屏幕,则字幕最下侧(结束滚动位置)会贴紧下字幕安全框。

• 预卷:设置字幕在开始"滚动"前播放的帧数。

• 过卷:设置字幕在结束"滚动"后播放的帧数。

• 缓入:字幕开始逐渐变快的帧数。

• 缓出:字幕末尾逐渐变慢的帧数。

案例 15

碳中和——制作创意滚动字幕

➤ 案例描述

使用"球面化"视频效果和不透明度的"椭圆形蒙版"创建球形滚动字幕。字幕播放效果如图 6-75 所示。

图 6-75　创意滚动字幕播放效果

➤ 案例解析

在本案例中,需要完成以下工作:

• 用"文字工具"制作标题字幕,通过"基本图形"面板修改字幕属性。通过设置"滚动"选项制作滚动字幕;

• 为滚动字幕添加"球面化"效果、不透明度"椭圆形蒙版"。

> **案例实施**

① 单击 Premiere 主屏幕上的"新建项目"按钮,设置项目名称为"案例 15",指定项目保存位置,选择素材"背景.jpg",设置"创建新序列"的名称为"碳中和",单击"创建"按钮。

② 制作标题字幕。设置"V1"轨道剪辑(背景)的结束点为 30 秒。把时间指针定位到"00:00:00:00"处,单击工具箱中的"文字工具",在"节目"监视器中输入文本"碳中和"。在"基本图形"面板中编辑文本属性,设置字体为"字魂 213 号 – 琉璃宋";字体大小为 115;填充颜色为线性渐变(左色标颜色为 #91E91E,右色标颜色为 #47A408,左不透明度色标为 28%,右不透明度色标为 100%,如图 6-76 所示);描边 1 颜色为 #FFFFFF,宽度为 5.0;描边 2 颜色为径向渐变(色标自左至右颜色为:#71A714、#A79414、#A7A514、#1497A7、#FFFFFF,左右不透明度色标均为 100%,如图 6-77 所示),宽度为 10.0;阴影颜色为 #3F3F3F,阴影不透明度为 75%,阴影角度为 135°,阴影距离为 7.0,阴影大小为 0,阴影模糊为 40。字幕效果如图 6-78 所示,整体效果如图 6-79 所示。

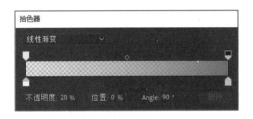

图 6-76　字体填充设置

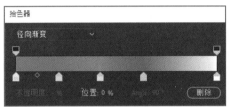

图 6-77　描边 2 填充设置

图 6-78　字幕效果

图 6-79　整体效果

③ 制作滚动字幕。选择"V3"轨道,把时间指针定位到"00:00:00:00"处,单击工具箱中的"文字工具",在"节目"监视器中拖动光标绘制矩形区域,把碳中和的说明性文字粘贴到框中。在"基本图形"面板中编辑文本属性,设置字体为"微软雅黑";字体大小为 64;填充颜色为 #4A7B08;背景颜色为 #FFFFFF,背景不透明度为 50%,阴影角度为 135°,背景大小为 0,背景角半径为 30。字幕效果如图 6-80 所示。

④ 单击"V3"轨道,选择"基本图形"面板"编辑"选项卡上的"滚动"复选框,不选择"启动屏幕外""结束屏幕外"。设置"V2""V3"轨道剪辑的结束点均为 30 秒,预览效果。为"V3"轨道添加"球面化"视频效果,调整"半径"和"球面中心",效果如图 6-81 所示。

图 6-80　文本框内文字
设置

图 6-81　球面化效果

⑤ 选择 V3 轨道,在"效果控件"面板的"不透明度"效果下单击"创建椭圆形蒙版"按钮,调整蒙版的大小与位置,设置"蒙版羽化"值为 20.0。蒙版设置如图 6-82 所示,蒙版位置与大小如图 6-83 所示。

⑥ 保存项目,导出媒体,完成后的播放效果如图 6-75 所示。

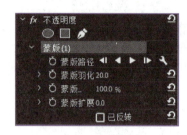

图 6-82　蒙版参数

图 6-83　蒙版位置、大小

思考与实训

一、填空题

1. 字幕中可以包含_____和_____内容。

2. 可以将图形(包括所有图层、效果和关键帧)导出为_____,以供未来重复利用或共享。

3. Premiere 的图层可以包含多个_____、_____和_____。

4. 将_____和_____作为图层添加到图形中即可创建剪辑图层。

5. 使用_____选项可移动文本或形状对象,使其中心的距离彼此相等。

6. 使用_____选项可以通过移动文本或形状对象,使它们的边缘彼此之间距离相等。

7. 在"基本图形"面板中,可以直接使用_____为文本图层、形状图层和路径制作动画。

8. 通过设置_____可以单独调整两个文字间的距离。

9. 填充有_____、_____、_____三种形式。

10. 描边样式的线段连接有_____、_____、_____三种形式。

11. 描边样式的线段端点有_____、_____、_____三种形式。

12. 创建字幕的方法有_____、_____、_____三种。

二、上机实训

1. 制作如图 6-84 所示的图形、标题字幕。

图 6-84　图形、标题字幕

2. 使用提供的图片和文字素材,制作如图 6-85 所示的滚动字幕效果。

图 6-85　"滚动字幕"效果

3. 自主搜集或录制素材,通过转录序列创建说明性字幕。

4. 用你班级活动的视频、图片制作短片,自主创意制作丰富多彩的字幕效果。(提示:可以综合使用视频过渡与视频效果)

魅力非遗戏曲——剪辑音频素材

> **案例描述**

制作一段介绍我国世界非遗戏曲的音频文件,学习剪辑音频素材、处理音频素材的基本流程与技巧。

> **案例解析**

在本案例中,需要完成以下工作:

- 通过在"源"监视器上设置"入点""出点"裁剪音频;用"剃刀工具"在时间轴上拆分音频;
- 使用"自动匹配"来平衡响度;
- 通过"基本声音"面板上的预设效果美化人声(对话);
- 通过"基本声音"面板的"回避"选项,动态调整背景音乐轨道的音量。

> **案例实施**

① 单击 Premiere 的"主页"界面上的"新建项目"按钮,设置项目名称为"案例 16",设置保存位置,单击"创建"按钮。新建序列,采用默认设置。导入音频素材"非遗剧种介绍 .m4a""京剧:霸王别姬 .m4a""昆曲:游园惊梦 .m4a""粤剧:梁祝夜话 .m4a""特效音 .wav"。

② 双击"非遗剧种介绍",在"源"监视器中试听预览。把"源"监视器的时间指针定位到"00:00:00:20"处,单击"标记入点"按钮 ,然后把时间指针定位到"00:00:16:17"处,单击"标记出点"按钮 。把时间轴的时间指针定位到"00:00:00:00"处,单击"源"监视器上的"插入"按钮,如图 7-1 所示。截取的音频被插入到时间轴的"A1"轨道。

③ 双击"特效音",在"源"监视器中设置"入点"与"出点",如图 7-2 所示。单击"源"监视器上的"插入"按钮把截取的音频插入到时间轴"A1"轨道上第一段音频右侧(第 1 次插入特效音)。

④ 在"源"监视器面板中设置"入点"与"出点",截取"非遗剧种介绍"的"昆曲"介绍部分,插入"A1"轨道上特效音右侧。

图 7-1　在"源"监视器截取音频

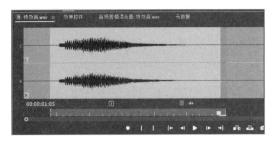

图 7-2　截取"特效音"

⑤ 在"昆曲"介绍部分的结尾,因诵读者口误而出现了一处重复,需要删除掉。选择"剃刀工具"在需要删除部分的波形前、后单击,拆分音频,如图 7-3 所示。右击要删除的音频,从快捷菜单中选择"波纹删除"命令。

⑥ 把"昆曲:游园惊梦"拖放到"A2"轨道,波纹删除开头无声音部分。从"A1"轨道上介绍完昆曲的位置开始监听,在正好唱完两句昆曲的位置用"剃刀工具"拆分"昆曲:游园惊梦"音频,删除右侧部分。

⑦ 单击"节目"监视器上的"转到出点"按钮 ，然后再次把"特效音"插入"A1"轨道(第 2 次插入特效音)。接着在"源"监视器中截取"非遗剧种介绍"的"粤剧"介绍部分,插入"A1"轨道上特效音的右侧。把"粤剧:梁祝夜话"拖放到"A2"轨道,使其开始点对齐刚刚插入的特效音的结束点,时间轴如图 7-4 所示。从"A1"轨道上介绍完粤剧的位置开始监听,用"剃刀工具"拆分"粤剧:梁祝夜话"音频,只保留两句粤剧唱腔,把其余部分删除。

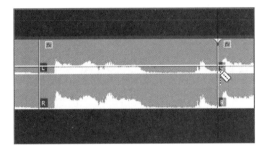

图 7-3　用"剃刀"工具拆分音频

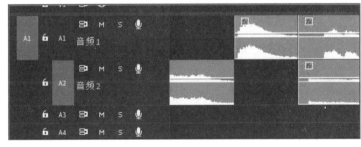

图 7-4　对齐剪辑

⑧ 仿照步骤⑦的操作,把"特效音"插入"A1"轨道(第 3 次插入特效音)。把"非遗剧种介绍"的"京剧"介绍部分,插入"A1"轨道上特效音的右侧。把"京剧:霸王别姬"拖放到"A2"轨道,使其开始点对齐刚刚插入的特效音的结束点。从"A1"轨道上介绍完京剧的位置开始监听,用"剃刀工具"拆分"京剧:霸王别姬"音频,只保留两句京剧唱腔,把其余部分删除。

⑨ 单击"A2"轨道上的"静音轨道"按钮 ，把"A2"轨道静音。同时选择"A1"轨道上的全部音频剪辑,打开"基本声音"面板,单击"对话"按钮打开"对话"选项。单击"响度"选项下的"自动匹配"按钮,把音频匹配至"对话"的标准平均响度。从"预设"中选择"在小型干燥房间",然后把"EQ"选项的预设改为"略微提高(女声)"。试听,根据效果微调"剪辑音量"等参数。

参数设置如图 7-5 所示。

⑩ 取消"A2"轨道的"静音"状态。同时选择"A2"轨道上的全部音频剪辑,打开"基本声音"面板,单击"音乐"按钮打开"音乐"选项,单击"响度"选项下的"自动匹配"按钮,把音频匹配至"音乐"的标准平均响度。勾选"回避"选项右侧的复选框,指定"回避依据"为"对话",单击"生成关键帧"按钮。试听,如果达不到预期效果可以微调"敏感度""闪避量""淡入淡出时间"等参数,然后再次单击"生成关键帧"按钮,试听。最终效

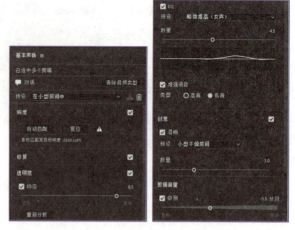

图 7-5 用"基本声音"参数设置

果以"A2"轨道的音乐不影响听清楚 A1 轨道的解说词为宜(也可以选择"钢笔工具"或"选择工具"手动调节音频轨道上的关键帧与音量)。"回避"选项的参数设置如图 7-6 所示,音量调整效果如图 7-7 所示。

⑪ 保存文件,按需要的格式导出音频。

图 7-6 "回避"参数设置

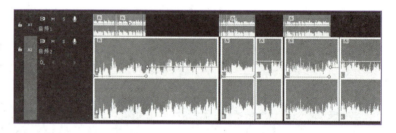

图 7-7 "回避"音量调整效果

7.1 音频基础知识

合适的背景音乐、对白或音效会与画面相得益彰,极大增强作品的感染力。Premiere 提供的编辑工具可以使音频编辑达到更高的水准,使作品具备顶级的听觉品质。

常见术语

- 音量:指的是序列剪辑或轨道中的输出电平或音量,单位是"分贝",用 dB 表示。
- 音调:即"音高",音调的高低取决于声音频率的高低,频率越高音调越高。
- 噪声:是指发声体做无规则振动时发出的声音。凡是干扰人们休息、学习和工作及对想要听的声音产生干扰的声音,即不需要的声音,统称为噪声。
- 动态范围:是声音在播放时不失真和高于该设备固有噪声的情况下,所能承受的最大音量范围,通常以分贝表示。
- 静音:就是没有声音。

- 失真：指信号在传输过程中与原有信号或标准信号相比所发生的偏差。
- 增益：是指音频信号电平(压)的强弱，它直接影响音量的大小。增益变大，音量变大；增益变小，音量变小。

7.2　音频轨道

音频轨道是用来放置音频素材的轨道，它的使用方法与视频轨道的使用方法大致相同。

1. 音频轨道类型

- 标准：标准音轨替代了旧版本的立体声音轨类型。立体声轨道为双声道音频，是以两个声道(一左一右)录制的音频。它可以同时容纳单声道和立体声音频剪辑。
- 单声道：单声道轨道包含一个音频通道。单声道轨道仅通过左声道或右声道中的一个通道播放录音，或者会复制该通道，以便左声道和右声道播放相同的录音。
- 自适应轨道：自适应轨道可以包含单声道、立体声和自适应剪辑。处理可录制多个音轨的摄像机录制的音频时，这种音轨类型非常有用。处理合并后的剪辑或多机位序列时，也可使用自适应轨道。
- 5.1：包含三条前置音频声道(左声道、中置声道、右声道)，两条后置或环绕音频声道(左声道和右声道)，通向低音炮扬声器的低频效果(LFE)音频声道。5.1 音轨只能包含 5.1 剪辑。

2. 音频轨道控制

单击轨道左侧的按钮，可以打开或关闭相应的功能。

- "静音轨道"：可以打开或关闭音频轨道。轨道被关闭后，播放时不会播出该轨道的声音。
- "独奏轨道"：可以设置只播放当前轨道的声音，而其他轨道被静音。
- "画外音录制"：可以实时录制画外音。
- "切换同步锁定"：切换轨道上的剪辑是否会与进行的"波纹"编辑或"插入"编辑保持同步。
- "切换轨道锁定"：当轨道处于锁定状态时，不能对它进行任何编辑。锁定轨道的剪辑上会覆盖斜线标识，如图 7-8 所示。

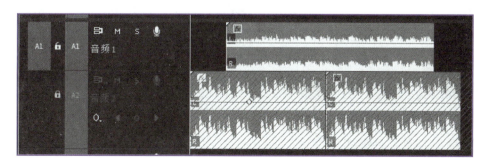

图 7-8　锁定轨道

3. 音频剪辑中的声道

剪辑可包含一条音频声道(单声道)、两条音频声道(立体声)或带低频效果音频声道的五条环绕声道(5.1环绕声)。序列可容纳任何剪辑组合,所有音频都会混合为混合轨道的音轨格式(单声道、立体声、5.1环绕声)。

Premiere允许更改音频剪辑中的轨道格式(音频声道的组合)。例如,在立体声或5.1环绕声剪辑中,可将音频效果分别应用至各条声道。

Premiere还允许重新映射剪辑音频声道的输出声道或轨道。例如,可以重新映射立体声剪辑中的左声道音频,将其输出至右声道。

7.3 剪辑音频素材

1. 导入音频素材

与导入视频素材的方法相同。

2. 添加素材到时间轴

- 将“项目”面板中的音频素材拖放到“时间轴”面板的音频轨道上。
- 使用“源”监视器的“插入”“覆盖”按钮。

当把一个音频素材拖到时间轴时,如果当前序列没有一条与这个素材类型相匹配的轨道,Premiere会自动创建一条与该素材类型匹配的新轨道。

3. 编辑音频剪辑

- 在“源”监视器中通过设置“入点”和“出点”修剪音频。
- 在时间轴上,使用修剪工具和键盘快捷键的组合选择和调整编辑点,修剪剪辑。
- 使用“速度/持续时间”命令。选择要调整的剪辑,执行“剪辑”→“速度/持续时间”命令,打开“剪辑速度/持续时间”对话框,可以对音频的速度与持续时间进行调整,如图7-9所示。

> 提示:
>
> 改变音频的播放速度会影响音频播放的效果,音调会因速度提高而升高,因速度的降低而降低,可以勾选“保持音频音调”复选框来保持原始音调不变。改变了播放速度,播放的时间也会随着改变,这种改变与单纯改变剪辑的“入点”与“出点”而改变持续时间不同。

4. 调整音量

可以通过以下多种方法调整音量。

(1) 通过“效果控件”面板调整

选择轨道上的剪辑,打开“效果控件”面板,调节“音量”或“声道音量”的参数值就可以改变音量。选择"旁路"则会忽略所做的调整;使用关键帧可以创建音量的渐变效果,如图 7-10 所示。

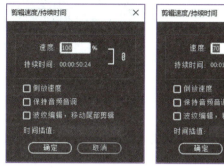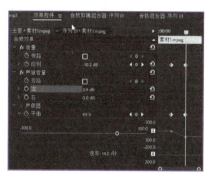

7-9　"剪辑速度 / 持续时间"对话框　　　图 7-10　通过"效果控件"面板调整音量

(2) 在轨道上调整

单击音频轨道上的"显示关键帧"按钮 ◎,选择"剪辑关键帧",右击剪辑左上角的"效果"图标,选择"音量"→"级别",然后上下拖动淡化线(灰色水平线)即可调整剪辑音量,如图 7-11 所示。

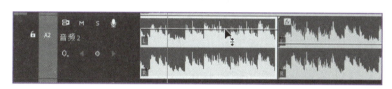

图 7-11　调整"剪辑"音量

注意:

如果选择"轨道关键帧"→"音量",则会同时调整该轨道上所有剪辑的音量,如图 7-12 所示。

图 7-12　调整"轨道"音量

(3) 通过"音频增益"调整

使用音频增益工具所提供的标准化功能,可以实现对一个或多个剪辑的音量标准化。如果轨道上有多个音频剪辑,为避免声音忽高忽低,可以通过调整增益来平衡音量。使用音频增益的标准化功能,可以把所选剪辑的音量调整到基本一致。

标准化多个剪辑音量的方法如下:

同时选中音轨上的多个剪辑,右击,选择弹出菜单中的"音频增益"命令,选择对话框中的"标准化所有峰值为"单选按钮,设置其值为 −33 dB,单击"确定"按钮,如图 7-13 所示。

● "将增益设置为"：默认值为 0 dB。此选项允许将增益设置为某一特定值。该值会始终更新为当前增益，即使未选择该选项且该值灰显也是如此。

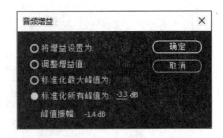

图 7-13 "音频增益"设置

● "调整增益值"：默认值为 0 dB。此选项允许将增益调整 +dB 或 –dB。如果在此字段中输入非零值，"将增益设置为"值会自动更新，以反映应用于该剪辑的实际增益值。

● "标准化最大峰值为"：默认值为 0 dB。此选项可将选定剪辑的最大峰值振幅调整为指定的值。

● "标准化所有峰值为"：默认值为 0 dB。此标准化选项可将选定剪辑的峰值振幅调整到指定的值。

（4）通过"音频剪辑混合器"或"音轨混合器"调整

5. 创建音频关键帧

可以通过以下多种方法创建音频关键帧。

① 单击音频轨道上的"显示关键帧"按钮，选择"轨道关键帧"或"剪辑关键帧"，拖动时间指针到剪辑需要编辑的位置，然后单击轨道的"添加 / 移除关键帧"按钮，即可在该位置添加（或删除）关键帧。拖动关键帧，可以调整它的位置和大小，效果如图 7-14 所示。

② 使用"钢笔工具"创建关键帧。选择"钢笔工具"，在轨道的音量线（或声像线）上单击即可创建关键帧，拖动关键帧可以改变其位置，如图 7-15 所示。

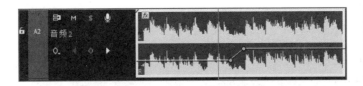
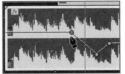

图 7-14 用"添加 / 移除关键帧"按钮创建关键帧　　图 7-15 用"钢笔工具"创建关键帧

③ 在"效果控件"面板中创建关键帧，如图 7-10 所示。

④ 在"音频剪辑混合器"或"音轨混合器"中创建。

6. 转换音频类型

（1）声道分离

在"项目"面板选择一个立体声或 5.1 环绕声素材，执行"剪辑"→"音频选项"→"拆分为单声道"命令，可将 5.1 声道或立体声音频转换为单声道，然后可以单独为某个声道增加效果。

（2）单声道素材按立体声素材处理

有时候，需要将单声道素材视作立体声素材处理。从"项目"面板选择一个单声道素材，执行"剪辑"→"修改"→"音频声道"命令，在打开的"修改剪辑"对话框中，设置"剪辑声道格式"为"立体声",单击"确定"按钮,即可进行转换,如图 7-16 所示。

(3) 5.1 声道混音类型

因 5.1 声道音响设备普及程度的限制,经常要将多声道音频转换为单声道或立体声,以使用一个或者两个音箱设备播放,通过设置"声道下混"可解决此问题。执行"编辑"→"首选项"→"音频"命令,在"首选项"对话框中打开"5.1 混音类型"列表进行设置即可,如图 7-17 所示。

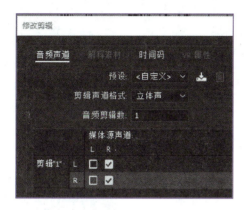

图 7-16　单声道按立体声处理

图 7-17　设置"5.1 混音类型"

7. 渲染和替换

选择音频轨道上的剪辑,执行"剪辑"→"渲染和替换"命令,会将音频渲染为一个文件,并用它替换原有音频。

7.4 "基本声音"面板

"基本声音"面板是一个多合一面板,其提供的一整套工具适用于常见的音频混合任务,如统一音量级别、修复声音、提高清晰度,以及添加特殊效果,从而帮助音频项目可以达到专业音频工程师混音的效果。

Premiere 将音频剪辑分为"对话""音乐""SFX"和"环境"4 类,如图 7-18 所示。单击一个分类按钮,即可打开对应的设置选项。

1. 统一音频中的响度

通过自动匹配响度,可以统一不同音频剪辑的音量。选择一种音频类型,此处以"音乐"为例。选择轨道上的音频素材,单击"音乐"按钮,然后单击"自动匹配"按钮。Premiere 会将剪辑自动匹配到的响度级别(单位为 LUFS)显示在"自动匹配"按钮下方,如图 7-19 所示。

2. 修复"对话"瑕疵

可以使用"基本声音"面板中"对话"选项卡下的"修复"选项来修复语音,如图 7-20 所示。

- 减少杂色:降低背景中不需要的噪声电平。
- 降低隆隆声:降低低于 80 Hz 的超低频噪声。

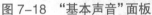

图 7-18 "基本声音"面板

图 7-19 设置"自动匹配"响度

图 7-20 "修复"选项

- 消除嗡嗡声：减少或消除嗡嗡声，这种噪声由 50~60 Hz 范围中的单频噪声构成。
- 消除齿音：减少刺耳的高频嘶嘶声。
- 减少混响：可减少或去除音频录制内容中的混响。

3. 提高"对话"清晰度

单击"透明度"选项，选择要更改的属性所对应的复选框，然后通过滑块在 0 到 10 之间调整属性的级别，如图 7-21 所示。

- 动态：通过压缩或扩展录音的动态范围，更改声音的效果。
- EQ：降低或提高录音中的选定频率。可以从 EQ 预设列表中进行选择。
- 增强语音：选择"高音"或"低音"类型，以恰当的频率处理和增强声音。

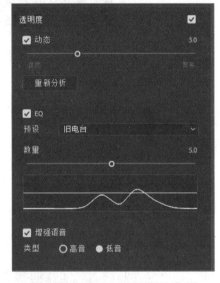

图 7-21 设置"透明度"选项

7.5 音频过渡

交叉淡化是唯一的音频过渡方式，音频的淡化类似视频过渡。音频过渡效果通常添加在同一轨道上的两个邻近音频剪辑之间。如果要创建淡入或淡出效果，可将过渡效果添加到单个剪辑的任何一端。

Premiere 提供了 3 种交叉淡化过渡方式：恒定功率、恒定增益和指数淡化。

- 恒定功率：可以创建平滑渐变的音频过渡效果，与视频剪辑之间的溶解过渡类似。恒定功率是默认过渡方式，一般认为其过渡效果更符合人耳的听觉规律。
- 恒定增益：在剪辑之间过渡时以恒定速率更改音频进出。
- 指数淡化：类似于恒定功率过渡，但是其变化更均匀。

案例 17

诗朗诵《我的祖国》——音频效果的应用

> **案例描述**

　　为诗歌朗诵添加背景音乐,通过添加多个音频效果来美化朗诵声音、增加临场感,演示了"动态范围""图形均衡器"等音频效果的使用方法。

> **案例解析**

　　在本案例中,需要完成以下工作:

* 为朗诵添加背景音乐,调整"持续时间"与"音量";
* 通过把朗诵音频重复添加到两个轨道,然后添加不同音频效果来丰富朗诵声音,提高其表现力;
* 添加"消除齿音""人声增强""图形均衡器(30 段)""室内混响""动态处理""立体声扩展器"等音频效果来美化和丰富朗诵声音。

> **案例实施**

　　① 单击 Premiere "主页"界面上的"新建项目"按钮,设置项目名称为"案例 17",设置保存位置,单击"创建"按钮。新建序列,采用默认设置。导入音频素材"我的祖国伴奏 .m4a""我的祖国朗诵 .m4a"。

　　② 把"我的祖国伴奏"拖放到"A3"轨道上,波纹删除其开头的无声部分。把"我的祖国朗诵"拖放到"A2"轨道上,删除其开始的无声部分。调整"A2"轨道剪辑的位置,让其开始点对齐"A3"轨道伴奏音乐的结束位置。复制"A2"轨道的剪辑,粘贴到"A1"轨道,如图 7-22 所示。

　　③ 试听,拖动"A3"轨道的音量线调整剪辑的音量,以伴奏声音不影响朗诵清晰度为宜。为"A2"轨道剪辑添加"消除齿音"效果,打开"效果控件"面板,单击"消除齿音"选项的"编辑"

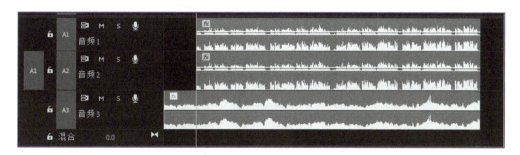

图 7-22　音频剪辑在时间轴的排列

按钮,打开"剪辑效果编辑器"。通过试听,调整参数如图7-23所示。为"A2"轨道剪辑添加"人声增强"效果,在"效果控件"面板,打开"剪辑效果编辑器",选择"低音"选项。

④ 把"A2"轨道的"消除齿音"与"人声增强"效果复制到"A1"轨道的剪辑上。为"A2"轨道添加"图形均衡器(30段)"效果,在"剪辑效果编辑器"中选择"预设:RIAA 去加重"选项。为"A2"轨道添加"室内混响"效果,在"剪辑效果编辑器"中选择"预设:房间临场感2"选项。为"A2"轨道添加"动态处理"效果,在"剪辑效果编辑器"中设置曲线如图7-24所示。为"A2"轨道添加"立体声扩展器"效果,在"剪辑效果编辑器"中选择"预设:宽场"选项。

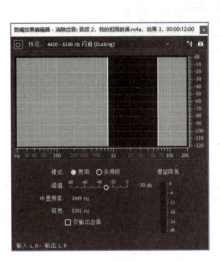

图 7-23 设置"消除齿音"

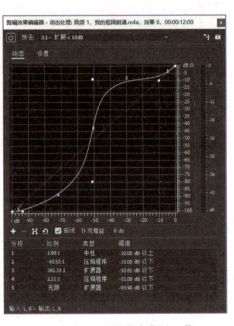

图 7-24 设置"动态处理"

⑤ 把"恒定功率"过渡效果拖放到"A3"轨道剪辑的结尾处,双击添加的"过渡",在弹出的对话框设置"持续时间"为2秒。

⑥ 保存文件,按需要的格式导出音频。

7.6 音频效果

使用 Premiere 提供的音频效果,可美化声音或者创建特殊的音效。Premiere 的音频效果放置在"效果"面板中。

把音频效果拖放到时间轴的音频剪辑上即可为其添加该效果,打开"效果控件"面板,可详细调整效果的各项参数。展开效果的"各个参数"选项,通过添加关键帧,可以创建效果的渐变,如图7-25所示。

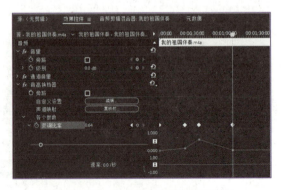

图 7-25 为"效果"创建关键帧

1. 振幅与压限

(1) 增幅

可增强或减弱音频信号。由于效果是实时起效的,可以将其与效果组中的其他效果组合使用。

(2) 通道混合器

可改变立体声或环绕声道的平衡。

(3) 声道音量

可用于独立控制立体声或 5.1 剪辑或轨道中的每条声道的音量。每条声道的音量级别以分贝衡量。

(4) 消除齿音

可去除齿音和其他高频"嘶嘶"类型的声音。

(5) 动态

动态范围是音响设备的最大声压级与可辨最小声压级之差。动态范围越大,强声音信号就越不会发生过载失真,保证强声音有足够的震撼力,与此同时,弱信号声音也不会被各种噪声淹没。"动态"调整面板如图 7-26 所示。

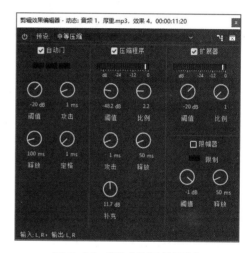

图 7-26 "动态"调整面板

- 自动门:删除低于特定振幅阈值的噪声。

- 压缩程序(压缩器):通过衰减超过特定阈值的音频来减少音频信号的动态范围。

- 扩展器:通过衰减低于指定阈值的音频来增加音频信号的动态范围。

- 限幅器:将高于指定阈值的峰值电平降为 0 dB,低于阈值的峰值电平不受影响。

(6) 动态处理

可作为压缩器、限幅器或扩展器。作为压缩器和限幅器时,此效果可减小动态范围,产生一致的音量。作为扩展器时,它通过减小低电平信号的电平来增加动态范围。

(7) 强制限幅

可大幅减弱高于指定阈值的音频。通常,通过输入增强施加限制是一种可提高整体音量同时避免扭曲的方法。

(8) 多频段压缩器

可实现分频段控制的压缩效果。利用多频段压缩器效果,可单独压缩四种不同的频段。

(9) 单频段压缩器

可减少动态范围,从而产生一致的音量并提高感知响度。

(10) 电子管建模压缩器

可模拟复古硬件压缩器的温暖感觉。

2. 延迟与回声

(1) 模拟延迟

模拟延迟效果可模拟老式延迟装置的温暖声音特性。

(2) 延迟

可用于生成单一回声效果。

(3) 多功能延迟

可为剪辑中的原始音频添加最多四个回声。

3. 滤波器和 EQ

(1) 带通

可以移除在指定范围外发生的频率或频段。

(2) 高音

增高或降低高频(4 000 Hz 及以上)的电平,但不会影响音频的其他部分。

(3) 低音

增大或减小低频(200 Hz 或更低)的电平,但不会影响音频的其他部分。

(4) 高通

消除低于指定"屏蔽度"频率的频率。

(5) 低通

消除高于指定"屏蔽度"频率的频率。

(6) 图形均衡器(10 段、20 段、30 段)

通过调节各个频率段的电平,较精确地调整音频的声调。它的工作形式与许多民用音频设备上的图形均衡器相类似,通过在相应频率段按百分比调整原始声音来实现声调的变化。

(7) 参数均衡器

实现参数均衡效果,可以更精确调整声音的音调。可以增大或减小与指定中心频率接近的频率。

(8) FFT 滤波器

利用 FFT 滤波器效果,可以轻松绘制抑制或提升特定频率的曲线或陷波。FFT 代表"快速傅立叶变换",是一种用于快速分析频率和振幅的算法。

(9) 陷波滤波器

可去除最多六个自定义的频段。使用此效果可去除窄频段(如 60 Hz 杂音),同时将所有周围的频率保持原状。

(10) 科学滤波器

用于对音频进行高级操作,包含贝塞尔、巴特沃斯、切比雪夫、椭圆等滤波器类型和低通、高通、带通、带阻等滤波器模式。

4. 调制

(1) 和声 / 镶边

组合了两种流行的基于延迟的效果。"和声"选项可一次模拟多个语音或乐器,原理是通过少量反馈添加多个短延迟产生丰富动听的声音。使用此效果可增强人声音轨或为单声道音频添加立体声空间感。

(2) 镶边

是通过混合与原始信号大致等比例的可变短时间延迟来生成修饰效果。

(3) 相位

与镶边类似,相位调整会移动音频信号的相位,并将其与原始信号重新合并,从而创造打击乐效果。相位调整可以显著改变立体声声像,创造超自然的声音。

5. 降噪 / 恢复

(1) 自动咔嗒声移除

消除音频中的咔嗒声。

(2) 消除嗡嗡声

可去除窄频段及其谐波。最常见的应用是处理照明设备和电子设备电线发出的嗡嗡声。

(3) 降噪

可降低或完全去除音频文件中的噪声。

(4) 减少混响

可消除混响曲线且可辅助调整混响量。

6. 混响

(1) 卷积混响

可以逼真模拟在相对封闭的空间内部播放声音的效果。可以根据不同的场景要求选择预设,然后调整其参数。

(2) 室内混响

与卷积混响效果相似,但相对于其他混响效果,它的速度更快,占用的处理器资源也更低。

(3) 环绕声混响

主要用于 5.1 音源,但也可以为单声道或立体声音源提供环绕声环境。

7. 特殊效果

(1) 扭曲

可以使用此效果模拟汽车音箱的爆裂效果、压抑的麦克风效果或过载放大器效果。

(2) 用右侧填充左侧

复制右声道信息,并将其放置在左声道中,丢弃现有的左声道信息。

（3）用左侧填充右侧

复制左声道信息，并将其放置在右声道中，丢弃现有的右声道信息。

（4）吉他套件

应用一系列可优化和改变吉他音轨声音的处理器来处理音频。

（5）反转

反转所有声道的相位。

（6）雷达响度计

可以用来测量剪辑、轨道或序列的音频级别。

（7）母带处理

可根据不同目标介质的特点对音频文件进行优化补偿。例如，当目标介质是 Web 时，音频可能会在低音重现效果较差的计算机扬声器上播放。为补偿低音效果的不足，可以在母带处理时增强音频文件的低频。

（8）互换声道

切换左右声道信息的位置。

（9）人声增强

可快速改善旁白录音的质量。

8. 立体声声像

仅包含"立体声声像"一个效果，可用来定位并扩展立体声声像。

9. 时间与变调

仅包含"音高换挡器"一个效果，此效果可用来改变音调，其参数面板如图 7-27 所示。

图 7-27 "音高换挡器"参数面板

7.7 音频剪辑混合器

1. 音频剪辑混合器

通过音频剪辑混合器，可以在播放声音的过程中调节音量、声像，并可以通过创建关键帧来实时记录调整的参数，如图 7-28 所示。

● 轨道 ▨▨▨ 音频 1 ：对应"时间轴"面板中的音频轨道。如果在"时间轴"面板中增加/减少一条音频轨道，音频剪辑混合器中也会增加/减少对应的轨道。只有时间指针下存在剪辑时，音频剪辑混合器才会显示剪辑音频。当轨道包含间隙

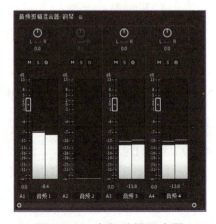

图 7-28 音频剪辑混合器

时,如果间隙在时间指针下方,则剪辑混合器中相应的轨道为空。

- 声像器 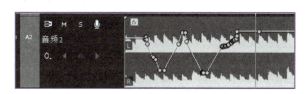:向左转动旋钮,输出到左声道(L)的声音增大,向右转动旋钮,输出到右声道(R)的声音增大;也可以单击旋钮下的数字,直接输入数值(-100~100)。
- 静音轨道 :按下按钮,可以使其所在的轨道静音。
- 独奏轨道 :按下按钮,可以使其他轨道(混合轨道除外)静音,仅播放其所在轨道的声音。
- 写关键帧 :按下按钮,可以通过关键帧实时记录对剪辑的调节。
- 衰减器 :上下拖动衰减器,可以调节音量的大小。

2. 自动记录关键帧

按下"写关键帧"按钮,再调整音量或声像时,会向时间指针当前位置添加关键帧。如果时间指针下方已存在关键帧,则会更新当前关键帧。

操作方法如下:

按下"写关键帧"按钮,单击"节目"监视器上的"播放"按钮 ,在播放的过程中调节相应轨道的衰减器。播放停止后,可在音频轨道上看到新生成的关键帧,如图 7-29 所示。

图 7-29　自动记录关键帧

7.8　音轨混合器

音轨混合器与音频剪辑混合器的区别在于:音轨混合器用于控制轨道,音频剪辑混合器用于控制轨道中的音频剪辑。音轨混合器如图 7-30 所示。

1. 关键帧自动模式

单击音轨混合器的"自动模式"选项菜单,选择需要的自动模式,在播放音频的同时可以通过关键帧实时记录所做的调整。音轨混合器中有五种关键帧自动模式,如图 7-31 所示。

- 关:忽略回放期间的轨道设置和现有关键帧,此模式下不会记录更改。
- 读取:这是默认的自动模式,系统会读取当前音频轨道上的调节参数,但是不会记录音频调节过程。
- 闭锁:它在移动音量滑块或平衡旋钮之前不应用修改,最初的属性设置来自先前的调整。停止调整后,会保持当前的调整值不变。
- 触动:类似于闭锁,但当停止调整属性时,在当前修改被记录之前,其选项设置会回到它们先前的状态。
- 写入:对属性调整的记录与回放同时开始。

2. 添加轨道音频效果

可以在音轨混合器中为音轨添加音频效果,该效果将对音轨上的所有剪辑起作用。方法

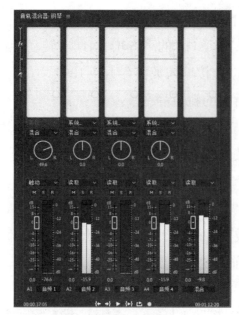
图 7-30　音轨混合器

图 7-31　关键帧自动模式

如下：

① 单击音轨混合器左上角的"显示/隐藏效果和发送"按钮，展开"效果与发送"设置列表。单击需添加效果轨道对应的"效果选择"按钮，从弹出的列表中选择音频效果，然后设置参数，如图 7-32 所示。

② 单击"发送分配"选择列表，设置信号输出到哪个轨道，默认输出到"混合"轨道，如图 7-33 所示。

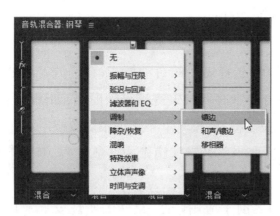
图 7-32　添加轨道效果

图 7-33　设置发送分配

3. 应用子混合轨道

如果希望对多个音轨进行同样的处理，可通过创建子混合轨道的方法简化工作流程。例如，可以使用子混合对一个序列中的 3 条轨道应用相同的音频效果设置。应用子混合轨道可以减少操作步骤，保证应用的效果、音量、平衡的一致性。

① 创建子混合轨道，可以任选一种方法：

- 在"时间轴"面板中通过右键菜单创建。
- 在音轨混合器中，从发送列表菜单中选择，如图 7-33 所示。

② 在音轨混合器中，从相应轨道底部的轨道输出菜单中选择子混合名称。如图 7-34 所示，3 个轨道选择了输出到"子混合 1"。

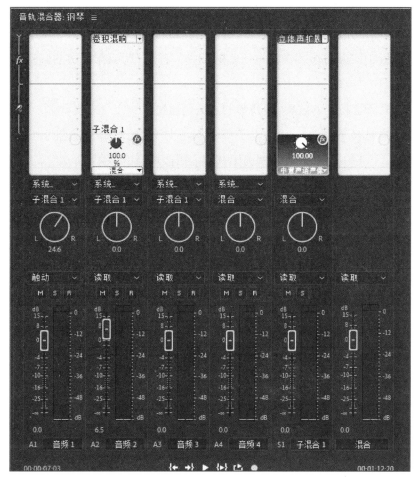

图 7-34　其他轨道输出到子混合、为子混合添加效果

③ 为子混合轨道添加音频效果。如图 7-34 所示，为子混合 1 添加了"立体声扩展"效果。

4. 录制音频

除了使用时间轴轨道上的"画外音录制" 🎤 进行录音，还可使用音轨混合器直接将音频录制到序列的轨道中。

操作步骤如下：

连接麦克风，单击欲放置声音轨道上的"启用轨道以进行录制"按钮 🅁，然后单击下方的"录制"按钮 ⏺，再单击"播放 – 停止切换"按钮 ▶，即可开始录音。再次单击"播放 – 停止切换"按钮可以结束录制。"项目"面板中会自动添加刚录制的声音素材，"时间轴"面板对应的音轨上也会自动放置刚录制的音频剪辑。

思考与实训

一、填空题

1. _____是默认的音频过渡效果。

2. 平衡多段剪辑音量的最佳方案是：同时选中它们，然后调节_____。

3. 在_____面板中可以对轨道音频进行实时调整，可以自动保存所做的调整的模式有_____、_____、_____。

4. 要想为多条音轨添加相同的效果，最简单的方法是通过_____来实现。

5. _____类效果能够产生延迟，用在电子音乐中可以产生同步和重复的回声效果。

6. 使用_____、_____效果，可以模仿出在室内播放声音的效果。

7. 通过设置"首选项"中的_____，可以用较少的音箱播放 5.1 声道的音频。

8. 在音轨混合器录制的声音会自动被添加到_____和_____。

9. 在音轨混合器所做的调整是针对_____，而不是针对剪辑的。

10. 使用_____效果可以移除在指定范围外发生的频率或频段。

二、上机实训

1. 把提供的素材剪辑合成为一段音频文件。（提示：样例文件仅供参考，请自主创意。下同）

2. 使用"音高换挡器"特效，为提供的素材制作卡通音效。

3. 使用"混响"类效果，为提供的素材制作混响效果。

4. 使用"音轨混合器"的实时控制功能，动态调整素材的声像变化。

5. 录制一段音频（朗诵、歌曲等），自选多个音频效果美化声音、创建特效。

案例 18

梦想——导出 H.264 视频

▶ **案例描述**

通过将影片导出为可独立播放的文件,学习在 Premiere 中导出作品的基本步骤和技巧。

▶ **案例解析**

在本案例中,需要完成以下工作:

- 单击 Premiere 顶部标题栏中的"导出"选项卡以打开导出工作区;
- 单击"位置"右侧的链接,设置导出的名称、路径;
- 设置视频、音频选项卡的参数,单击"导出"按钮。

▶ **案例实施**

① 打开编辑好的项目文件"梦想 .prproj",选择"时间轴"面板上要导出的序列,单击 Premiere 顶部标题栏中的"导出"选项卡(或选择"文件"→"导出"→"媒体文件"命令)以打开导出工作区,如图 8-1 所示。

图 8-1　导出工作区

② 设置导出"范围"为"整个源",如图 8-2 所示。设置"缩放"为"缩放以适合",如图 8-3 所示。

图 8-2　设置导出"范围"　　　　图 8-3　设置"缩放"

③ 单击"位置"右侧的链接,弹出"另存为"对话框,设置输出视频的存放位置和文件名,如图 8-4 所示。采用默认的 H.264 格式,从"预设"下拉菜单中选择"高品质 1080p HD",如图 8-5 所示。

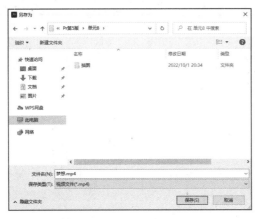

图 8-4　"另存为"对话框　　　　图 8-5　格式设置

④ 选择"视频"选项卡,设置"长宽比"为"方形像素",勾选"以最大深度渲染""使用最高渲染质量"复选框;"时间插值"项选择"帧混合",如图 8-6 所示。

⑤ 选择"音频"选项卡,设置"声道"为"立体声",其余选项采用默认设置,如图 8-7 所示。

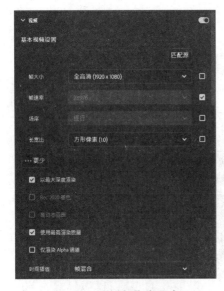

图 8-6　"视频"选项卡　　　　图 8-7　"音频"选项卡

⑥ 勾选"常规"选项卡上的"使用预览",其他选项卡的参数采用默认值,单击"导出"按钮,导出视频。

8.1　渲染

Premiere 会尝试以全帧速率实时回放序列。但是,对于没有预览文件的复杂部分(未渲染的部分),实时的全帧速率回放未必能够实现。要以全帧速率实时回放复杂的部分,最好先渲染这些部分的预览文件。

Premiere 使用彩色渲染条标记序列的不同渲染状态。红色渲染条,表示可能必须渲染才可以全帧速率实时回放;黄色渲染条表示可能无须渲染即可以全帧速率实时回放;绿色渲染条表示已经渲染,如图 8-8 所示。

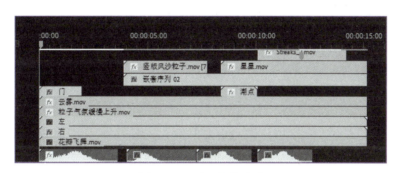

图 8-8　不同渲染状态

无论红色或黄色渲染栏下的部分的预览质量如何,都应该在这些部分导出前对其进行渲染。渲染预览时,Premiere 会在硬盘上创建文件。导出最终视频时,可以通过使用预览文件节省导出的时间。

可以使用入点和出点定义要渲染的区域,步骤如下:

① 选择序列。

② 使用入点和出点定义要渲染的区域,如图 8-9 所示。

③ 从"序列"菜单中选择以下任一选项:

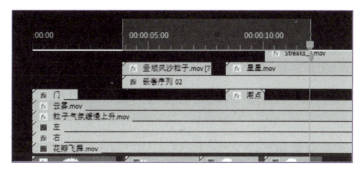

图 8-9　定义渲染区域

● 渲染入点到出点的效果:渲染位于包含红色渲染栏的入点和出点内的视频轨道部分。

● 渲染入点到出点:渲染位于包含红色渲染栏或黄色渲染栏的入点和出点内的视频轨道部分。

● 渲染音频:渲染位于工作区域内的音轨部分的预览文件。

④ 开始对所选的区域进行渲染,弹出的"渲染"对话框显示渲染进度,如图 8-10 所示。渲染结束后,系统会自动播放渲染的片段。红色渲染栏部分会变为绿色,如图 8-11 所示。

图 8-10 渲染进度

图 8-11 渲染完成效果

8.2 导出媒体

制作过程的最后一个步骤就是导出。通过导出,可以把编辑完成的影片或音频文件渲染保存为适合在电视上播放,或在计算机及其他终端设备上播放的文件格式。也可以导出静止图像序列,也可以从视频的单个帧中导出静止图像,以用于标题或图形中。

Premiere 支持直接导出和 Adobe Media Encoder 导出。直接导出会直接从 Premiere 生成新文件。Adobe Media Encoder 导出会将文件发送到 Adobe Media Encoder 进行渲染。

1. 导出视频和音频文件的工作流程

① 执行以下操作之一:

● 在"时间轴"面板或"节目"监视器中,选择一个序列。

● 在"项目"面板、"源"监视器或素材箱中,选择一个剪辑。

② 单击标题栏中的"导出"选项卡,或选择"文件"→"导出"→"媒体"以切换到导出模式。

③(可选)在导出模式中,指定要导出的序列或剪辑的源范围。拖动时间轴上的手柄,然后单击设置入点和出点。

④ 要裁剪图像,可在"源"监视器面板中指定裁剪选项。目前,只有 Adobe Media Encoder 支持在导出时进行裁剪。

⑤ 选择所需的文件导出格式。

⑥(可选)选择最适合目标回放的预设。

⑦ 如需自定义导出选项,可单击某一选项卡(如视频、音频等)并调整相应的选项或参数。

⑧ 执行以下操作之一:

● 单击导出。Premiere 会立即渲染和导出该项目。

● 单击发送至 Media Encoder。Adobe Media Encoder 即会打开,且编码作业已添加到其队列中。

2. "导出"参数设置

(1) 范围

使用"范围"可自定义导出视频的持续时间,如图 8-12 所示。

● 整个源:导出序列或剪辑的整个持续时间。

● 源入点 / 出点:如果在序列或剪辑中设置了入点 / 出点,则会将这些设置用于导出。

● 工作区域:导出工作区域栏的持续时间(仅限序列)。

图 8-12　"范围"选项

● 自定义:采用在导出模式下设置的自定义入点 / 出点。

(2) 缩放

通过使用"缩放",可以在导出为不同的帧大小时调整源视频适应导出帧的方式,如图 8-13 所示。

● 缩放以适合:调整源文件大小,以适合输出帧,而不出现任何失真或裁剪的像素,但可能会出现黑条。

图 8-13　"缩放"选项

● 缩放以填充:调整源文件大小,使其完全填充输出帧,而不出现黑条,但可能会裁剪一些像素。

● 伸缩以填充:拉伸源文件以完全填充输出帧,而不出现任何黑条或裁剪的像素。因不会保持画面长宽比,可能会导致视频看起来失真。

(3) 视频

视频设置因所选导出格式而异。每种格式都有独特的要求,这些要求决定了哪些设置可用。

● 匹配源:"匹配源"选项可以自动将导出设置与源的设置匹配。默认情况下,Premiere 在预设菜单中为 H.264 格式提供了如下自适应"匹配源"预设。

a. 匹配源 - 自适应高比特率。

b. 匹配源 - 自适应中比特率。

c. 匹配源 - 自适应低比特率。

这些预设会将大多数设置与源进行匹配,还可以根据源的帧大小调整比特率。这样可以在保持较小文件体积和较短导出时间的同时,获得更高质量的视频。

● 帧速率:帧速率指示回放期间每秒钟显示的视频帧数。通常来说,帧速率越高,运动就越平滑,但选择与源媒体帧速率不同的帧速率,可能会产生不需要的运动伪影。注意,某些格式和编解码器仅支持特定系列的帧速率。

- 长宽比:即像素比,在单元 1 已介绍过,此处不再赘述。

- 以最大深度渲染:启用后,以最大深度渲染将使用当前格式所支持的最高位深度(在大多数情况下,32 位浮点处理)来渲染效果。

- 透明度:设置此选项可导出带有透明度的 GIF,有三种透明度选项可供选择。

a. 无:无透明度。

b. 抖色:会创建透明像素图案,以模拟全部范围的 Alpha 值。

c. 硬边缘:会按照 50% Alpha 阈值创建透明度。

- 使用最高渲染品质:当缩放到与源媒体不同的帧大小时,此选项可帮助保持细节。

- 仅渲染 Alpha 通道:此选项可用于含有 Alpha 通道的源。启用时,仅在输出视频中渲染 Alpha 通道,并显示 Alpha 通道的灰度预览。

- 时间插值:当导出媒体的帧速率与源媒体不同时,将使用时间插值。例如,如果源序列为 30 fps,但要以 60 fps 导出。时间插值方式有以下三种。

a. 帧采样:复制或删除帧以达到所需的帧速率。使用此选项,可能会导致某些素材产生回放不连贯或抖动的现象。

b. 帧混合:通过将帧与相邻帧混合来添加或删除帧,这样可生成更加平滑的回放。

c. 光流法:通过插入周围帧中像素的运动来添加或删除帧。使用此选项通常可生成最平滑的回放,但如果帧之间存在明显差异,则可能会出现伪影。如果出现此错误,可尝试使用其他时间插值进行设置。

(4) 音频

- 音频格式:H.264、HEVC(H.265)和 MPEG2-DVD 等格式支持多种音频格式。对于这些格式,可以通过显示的菜单导出为不同的音频格式。

- 音频压缩编解码器:某些音频格式仅支持未压缩的音频,它们具有最高的质量但占用更多的磁盘空间。部分格式仅提供一个编解码器,而其他格式则允许从多个编解码器列表中进行选择。

- 采样率:音频转换为离散数字值的频率,测量单位为赫兹(Hz)。以较高采样率录制的音频音质较好,但文件大小较大。为获得最佳效果,应以与录制时相同的采样率导出音频。

- 声道:说明导出文件中包含的音频声道数。如果选择的声道数少于序列或媒体文件的"混合"轨道声道数,则 Premiere 会缩混音频。常用声道设置包括单声道(一个声道)、立体声(两个声道)和 5.1(六声道环绕立体声)。

- 比特率:比特率指的是音频的输出比特率。通常,更高的比特率会提高输出品质,同时增加文件大小。

（5）多路复用器

H.264、HEVC（H.265）和 MPEG 等格式包括"多路复用器"分区，可用于控制如何将视频和音频数据合并到单个流中（又称"混合"）。当"多路复用"设置为"无"时，视频和音频流将分别导出为单独的文件。

• 多路复用器：视频和音频流多路复用的标准。选项会根据选择的格式有所不同，某些 MPEG2 格式允许调整比特率、数据包大小和缓冲区大小。

• 流兼容性：指定要回放媒体的设备类型（仅限 H.264 格式）。默认设置为"标准"。

（6）字幕

字幕通常用于将视频的音频部分以文本形式显示在电视和其他支持显示隐藏字幕的设备上。

如果序列中包含字幕轨道，则导出模式的字幕部分将提供用于处理字幕信息的选项。如果源序列不包含任何字幕轨道，则会禁用"字幕"选项卡的功能。

例如，在导出时，设置"字幕"选项卡参数如图 8-14 所示。在播放导出的视频时，可以在播放中修改字幕的显示效果，如图 8-15 所示是默认播放效果，图 8-16 所示是更改播放字幕参数后的播放效果。

• 导出选项：决定了 Premiere 导出活动字幕轨道的方式。

a. 无：Premiere 将不包含字幕。

图 8-14　"字幕"选项卡设置

图 8-15　默认播放时的字幕显示效果

图 8-16　修改字幕显示参数后的效果

b. 创建 sidecar 文件：字幕信息将作为单独的文本文件与视频文件一同导出。

c. 将字幕刻录到视频：Premiere 会将字幕添加到导出的视频。文本将以图形形式"刻录"到视频中，在播放时无法禁用。

d. 在输出文件中嵌入：字幕将作为单独的流嵌入到视频文件中。在支持的设备上回放视频时，可以禁用或启用字幕文本。

> 注意：
> 嵌入的字幕仅适用于某些格式，如 QuickTime 和 MXF OP1a。

对于 sidecar 字幕导出，还可以选择字幕文本文件的文件格式和帧速率。

• 文件格式：导出 sidecar 字幕文件时，可以选择一种文件格式。

• 帧速率：某些 sidecar 文件格式允许为导出的文本文件选择不同的帧速率。选择的文件格式决定了可用的帧速率。

某些字幕文件格式提供了额外的设置，如 SRT 文件的 SRT 样式和 STL 文件的"元数据"控件。

(7) 效果

利用效果部分，可向导出的媒体添加各种效果，如 Lumetri 颜色调整、HDR 到 SDR 转换、图像、文本和时间轴叠加等。

在导出屏幕的右侧，可以预览应用的效果。要禁用所有效果，可关闭"效果"标题上的选项。

• Lumetri Look/LUT：使用 Lumetri 效果可将多种颜色等级应用到导出视频。要应用

Lumetri 预设,可执行下列操作之一。

a. 从"已应用"弹出菜单中选择 Lumetri 预设。

b. 选择"选择"以应用自定义 Look 或自己的 LUT 文件。

如图 8-17 所示,左图为原视频效果,右图为应用"SL CROSS LDR"后效果。

图 8-17　应用"SL CROSS LDR"效果

● SDR 遵从情况:使用"SDR 遵从情况",可将高动态范围(HDR)视频转换为标准动态范围(SDR),以便在非 HDR 设备上播放(值设置为百分比)。

● 图像叠加:使用"图像叠加"可在导出视频上叠加图像。如图 8-18 所示,是叠加了"海鸥"图像的效果。

● 名称叠加:使用"名称叠加"可为导出视频添加文本。如图 8-19 所示,是叠加了"名称"的效果。

图 8-18　图像叠加效果

图 8-19　名称叠加效果

● 时间码叠加:使用"时间码叠加"可为导出视频添加时间码计数器。

● 时间调谐器:使用"时间调谐器",可通过复制或删除某些部分中的帧,以自动延长或缩短视频的长度,从而让人感觉不到持续时间的整体变化。可以使用以下选项。

a. 当前持续时间:源视频的持续时间。

b. 目标持续时间:应用效果后导出视频的持续时间。

c. 持续时间更改:输出持续时间与源持续时间之间的差别。设置范围从 −10%(缩短)到 +10%(延长)。

d. 预设内使用:确定对其他源应用预设后如何调整持续时间。

e. 目标持续时间：不管源的原始持续时间，而是直接使用"目标持续时间"的值。

f. 持续时间更改：使用基于源的原始持续时间的"持续时间更改"值。

g. 跳过编号板：调整持续时间时，不包括编号板。启用此选项，可让时间调谐器忽略所有 10 秒以上的静止图像序列。

- 视频限幅器：视频限幅器可限制源文件的明亮度和颜色值，使它们处于安全广播限制范围内。

- 响度标准化：响度标准化以本机方式处理单声道、立体声和 5.1 通道音频。

（8）元数据

元数据是有关媒体文件的一组说明性信息。元数据可以包含创建日期、文件格式和时间轴标记等信息。

（9）常规

- 导入到项目中：启用此选项后，会将已导出的文件自动导入到 Premiere 项目中。

- 使用预览：启用此选项后，Premiere 将使用之前为 Premiere 序列生成的预览文件进行导出，而不是渲染新媒体。此选项有助于加快导出速度，但可能影响质量，具体情况取决于用户选择的预览格式。

- 使用代理：代理用于在编辑和导出时提高性能。启用此选项后，Premiere 将使用之前为序列生成的代理文件进行导出，而不是渲染新媒体。此选项可以提高导出性能。该复选框默认为未选中。

3. 快速导出视频

利用"快速导出"功能，可快速导出 H.264 文件。

① 打开要导出的序列。也可以在"项目"面板中选择要导出的序列或媒体文件。

② 单击"快速导出"按钮 ，打开"快速导出"对话框，如图 8-20 所示。

③ 为导出文件选择文件名和位置。

④ 选择预设，如图 8-21 所示。

⑤ 单击"导出"按钮。

4. 导出单帧或序列图像

有时需要从视频项目中导出单帧图像或序列图像。导出序列图像后，可以使用胶片记录器将帧转换为电影，也可以在 Photoshop 等其他图像软件中处理，然后再导入到 Premiere 中编辑。Premiere 为导出静态图像提供了简便的方法。

（1）使用"导出帧"按钮

通过"源"监视器和"节目"监视器中的"导出帧"按钮 ，可以快速导出视频帧。将时间指针置于所需的剪辑或序列帧，单击"导出帧"按钮，如图 8-22 所示。在如图 8-23 所示的对话框中，设置帧新名称、格式和保存位置，单击"确定"按钮。

图 8-20　快速导出

图 8-21　选择预设

图 8-22　导出帧

图 8-23　"导出帧"对话框

默认情况下,Premiere 会将所导出帧的颜色位深度设置为源剪辑或序列的颜色位深度。

(2) 导出序列图像

在导出设置中,选择"图像"格式,即可以序列图片的形式导出媒体。

如果选择了"视频"选项卡的"导出为序列",则会导出为序列静态图像。如图 8-24 所示,为导出 TIFF 格式序列图像的效果。

图 8-24 导出的序列图像

8.3 使用 Adobe Media Encoder 导出视频

除了直接从 Premiere 导出以外,还可以将导出作业发送到 Adobe Media Encoder,这是一个独立的编码应用程序,可以进行批量导出。

在导出模式下,单击"发送至 Media Encoder"按钮,可以将 Premiere 序列发送到 Media Encoder 队列中,在 Premiere 导出模式中进行的所有设置都将转移到 Media Encoder 的队列中。

当 Adobe Media Encoder 在后台执行渲染和导出时,可以继续在 Premiere 中工作。Adobe Media Encoder 会对队列中每个序列的最近保存的版本进行编码。具体操作步骤如下。

在 Premiere 的导出工作区中设置好参数,单击"发送至 Media Encoder"按钮,会自动启动 Adobe Media Encoder 软件并将当前任务添加到其队列中,单击"启动队列"按钮 ▶,即可开始对队列中的序列编码输出,如图 8-25 所示。

图 8-25　使用 Adobe Media Encoder 导出文件

思考与实训

一、填空题

1. 在导出设置中,通常将"范围"设置为_____。

2. 使用"节目"监视器的_____按钮,可以方便地导出单帧图像。

3. "场类型"包括_____、_____、_____三种。

4. _____格式是当前应用最广泛的媒体格式。

5. 将序列以_____格式导出,可以方便地在 Photoshop 等图像处理软件中编辑,然后再导入到 Premiere 中。

6. 当输入帧速率与输出帧速率不符时,选择_____或_____选项,可以混合相邻的帧以产生平滑的运动效果。

7. 选择"导出设置"对话框中的"以最大深度渲染",则以_____位渲染导出。

8. Adobe Media Encoder 是一款独立的视音频编码应用程序,可以_____队列中的多个视频或音频文件。

9. 在 Adobe Media Encoder 中,单击_____按钮,即可开始对队列中的序列进行编码。

10. 启用_____项后,Premiere 将使用之前为 Premiere 序列生成的预览文件进行导出,而不是渲染新媒体。

二、上机实训

1. 将案例 18 的最终作品导出为 QuickTime 格式。

2. 将案例 18 的素材"Great forest"导出为 MPEG2 格式。

3. 将案例 18 的素材"Great forest"以序列图像的格式导出。

4. 将案例 18 的素材"Going_Home_Music"导出为 MP3 格式音频文件。

5. 将以上各题的导出任务添加到 Adobe Media Encoder 队列中,进行批量导出。

案例 19

辉煌这十年——视频片头制作

> **案例描述**

本案例通过综合应用 Premiere 的运动效果、视频效果、字幕和音频处理等功能,设计制作了"辉煌这十年"短视频片头制作,效果如图 9-1 所示。

图 9-1 案例效果

> **案例解析**

在本任务中,需要完成以下操作:

- 设置相关参数,导入素材,根据视频尺寸新建序列;
- 添加更改视频持续时间,复制粘贴视频运动设置属性,制作推镜头效果;
- 使用"颜色校正"组中的"Lumetri 颜色"视频效果进行调色,统一视频的色调;
- 新建"颜色遮罩"素材,通过设置关键帧制作帷幕效果;
- 添加设置文字属性,使用"轨道遮罩键"制作遮罩文字效果;
- 添加处理音频文件,完成本案例的制作。

> **案例实施**

① 启动 Premiere,打开"主页"界面,单击"新建项目"按钮,进入"导入"模式界面,在"项目名"文本框中输入"案例 19 辉煌这十年",在"项目位置"选择项目保存的位置,单击"创建"按钮,进入"编辑"模式界面。

② 选择菜单"编辑"→"首选项"→"时间轴"命令,在弹出的"首选项"对话框中设置"音频过渡默认持续时间"为 2 秒,设置"静止图像默认持续时间"为 3 秒,然后单击"确定"按钮。

③ 双击"项目"面板的空白处,打开"导入"对话框,分别将"视频""音频""图片"文件夹导入到"项目"面板中。

④ 单击"视频"素材箱前的小三角将其展开,拖动"1.mp4"到"项目"面板底部的"新建项"按钮上,可在"项目"面板中新建 1 个序列,在序列名称处双击,出现反白框,输入"合成",将序列改名为"合成","项目"面板和"时间轴"面板如图 9-2 所示。

图 9-2　新建序列并改名为"合成"

⑤ 将"1.mp4"更改持续时间为 1 秒,选中"V1"轨道中的"1.mp4",在"效果控件"面板上,单击"缩放"前面的"切换动画"按钮,在"00:00:00:00"处设置为"100.0",在"00:00:00:24"处设置为"130.0","效果控件"面板如图 9-3 所示。

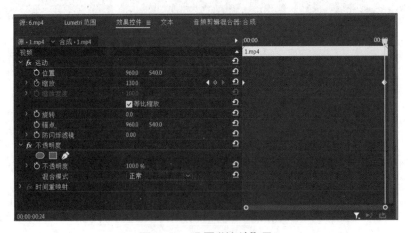

图 9-3　设置"缩放"项

⑥ 将"项目"面板上视频素材箱中的"2.mp4"～"5.mp4"素材拖曳到"V1"轨道中"1.mp4"后面,删除音频部分,设置持续时间都为 1 秒,将"1.mp4"缩放设置复制粘贴到四个素材上,"时间轴"面板如图 9-4 所示。

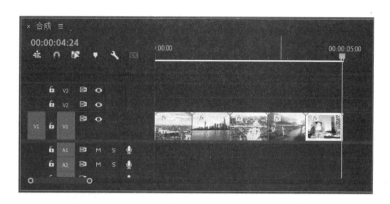

图 9-4 添加设置视频后的"时间轴"面板

⑦ 将时间指针定位在"00:00:05:00"处,将"项目"面板上视频素材箱中的"6.mp4"素材拖曳到"V1"轨道中,将时间指针定位在"00:00:13:24"处,使用"工具箱"中的"波纹编辑工具"■■在出点处向左拖曳,更改出点为"00:00:13:24"。

⑧ 为"V1"轨道中的"2.mp4"添加"颜色校正"组中的"Lumetri 颜色"视频特效,单击标题栏上的"工作区"按钮■■,选择"颜色"工作区,设置"基本校色"如图 9-5 所示,设置"RGB 曲线"如图 9-6 所示。

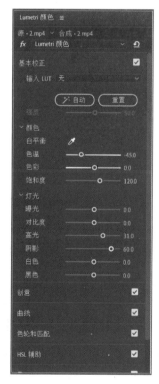 

图 9-5 设置"基本校色"　图 9-6 设置"RGB 曲线"

⑨ 为"V1"轨道中的"3.mp4"添加"颜色校正"组中的"Lumetri 颜色"视频特效,设置"基本校色"如图 9-7 所示,勾选"色轮和匹配",单击"比较视图"和"应用匹配"进行颜色调整,设置效果如图 9-8 所示。

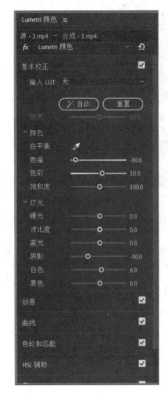

图 9-7 设置"基本校色"

图 9-8 设置"色轮和匹配"

⑩ 单击"项目"面板上的"新建项"按钮 ，新建颜色为黑色的"颜色遮罩"素材，将其拖曳到"V2"轨道中，设置持续时间为 14 秒。选中"V2"轨道中的"颜色遮罩"素材，在"效果控件"面板上，取消"等比缩放"，设置"缩放高度"为"10.0"，设置"位置"为"960.0,50.0"。按住 Alt 键拖曳"V2"轨道中的"颜色遮罩"素材到"V3"轨道中，更改"V3"轨道中素材的"位置"为"960.0,1026.0"，"时间轴"面板如图 9-9 所示。

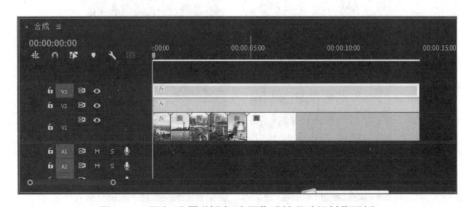

图 9-9 添加设置"颜色遮罩"后的"时间轴"面板

⑪ 将"颜色遮罩"素材拖曳到"V3"轨道上方，会新建"V4"轨道，右击"V4"轨道中"颜色遮罩"素材，在弹出的快捷菜单中选择"嵌套"命令，在弹出的"嵌套序列名称"对话框中输入"帷幕"，在"项目"面板上新建"帷幕"序列，双击"V4"轨道"帷幕"序列，切换到"帷幕"序列中，

将"V4"轨道中"颜色遮罩"素材拖曳到"V1"轨道中,在"效果控件"面板上,取消"等比缩放",设置"缩放高度"为"50.0",单击"位置"前的"切换动画"按钮,设置"00:00:00:00"处的"位置"为"960.0,270.0","00:00:02:24"处的"位置"为"960.0,−290.0"。按住 Alt 键拖曳"V1"轨道中的"颜色遮罩"素材到"V2"轨道中,更改"00:00:00:00"处的"位置"为"960.0,810.0","00:00:02:24"处的"位置"为"960.0,1350.0","合成"序列效果如图 9-10 所示。

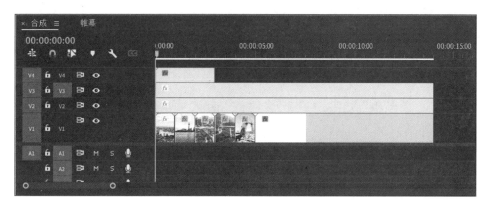

图 9-10　添加设置"颜色遮罩"后的"合成"序列

⑫ 将时间指针定位到"00:00:02:00"处,使用"文字工具"在"节目"监视器中输入"这是非凡的十年",将其持续时间设置为 2 秒,选择文字,在"效果控件"面板上设置源文本字体为"黑体",字号为"100",字距调整为"300",单击"仿粗体"按钮,勾选"描边"复选框,设置颜色为黑色,描边宽度为"1",如图 9-11 所示。

⑬ 时间指针定位在"00:00:02:00"处,单击"缩放"前的"切换动画"按钮,设置"缩放"为"120.0","不透明度"为"0.0%",将时间指针定位在"00:00:03:24"处,设置"缩放"为"100.0","不透明度"为"100.0%"。

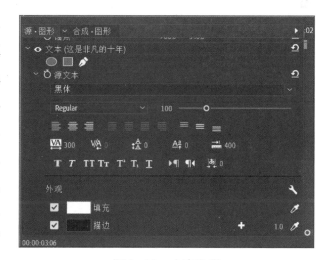

图 9-11　文字设置

⑭ 在 4 秒、6 秒、8 秒处添加标记,复制"V5"轨道中的"这是非凡的十年",使用"转到下一个标记"在 4 秒、6 秒、8 秒处进行粘贴,将文字分别更改为"中国的发展举世瞩目""这是辉煌的十年""中国取得全方位的历史性成就","合成"序列效果如图 9-12 所示。

⑮ 将时间指针定位到"00:00:10:00"处,使用"文字工具"在"节目"监视器中输入"辉煌这十年",将其持续时间设为 4 秒,右击文字,在弹出的快捷菜单中选择"嵌套"命令,在弹出的"嵌套序列名称"对话框中输入"遮罩文字",在"项目"面板中新建"遮罩文字"序列。

⑯ 双击打开"遮罩文字"序列,将"V4"轨道中"辉煌这十年"文字拖曳到"V2"轨道中。选

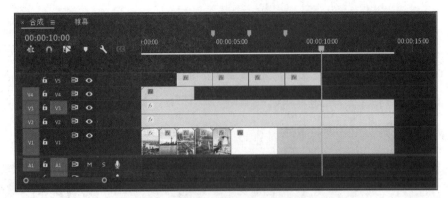

图 9-12 复制文字后的"合成"序列

中"V2"轨道中"辉煌这十年"文字,在"效果控件"面板中单击"位置"和"缩放"前的"切换动画"按钮,设置"00:00:00:00"处的"位置"为"950.0,560.0","缩放"为"50",设置"00:00:03:24"处的"位置"为"950.0,520.0","缩放"为"80.0"。

⑰ 将"项目"面板上图片素材箱中的"t1.jpg"拖曳到"V1"轨道中,单击"效果"面板"视频效果"左侧的折叠按钮,选择"键控"组的"轨道遮罩键"效果,拖曳到"V2"轨道中的"t1.jpg"素材上。单击该素材,打开"效果控件"面板,设置"轨道遮罩键"效果的"遮罩"为"视频2"。

⑱ 切换到"合成"序列,为"遮罩文字"添加"视频效果"中"模糊与锐化"组的"高斯模糊"效果,将时间指针定位到"00:00:10:00"处,设置"不透明度"为"0.0%","高斯模糊"的"模糊度"为"100.0","模糊尺寸"为"水平",将时间指针定位到"00:00:10:24"处,设置"不透明度"为"100.0%","高斯模糊"的"模糊度"为"0.0",设置如图 9-13 所示。

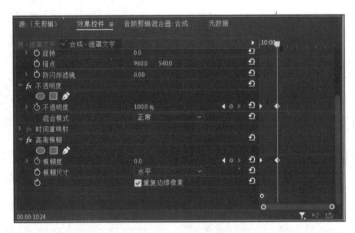

图 9-13 设置"不透明度"和"高斯模糊"的"效果控件"面板

⑲ 将"项目"面板音频文件夹中的"music.mp3"拖放到"时间轴"面板的"合成"序列的"A1"轨道中,播放预听音频,在"00:00:14:00"处用"剃刀工具"剪切,删除后面的音乐,按快捷键 Ctrl+Shift+D 为其添加淡入效果。

⑳ 保存项目,导出媒体,完成后的播放效果如图 9-1 所示。

案例 20

| 我们都是追梦人——MV 制作 |

> **案例描述**

MV 即音乐短片,又名"音画""音乐视频""音乐影片""音乐录像",是指与音乐搭配的短片,本案例通过综合应用 Premiere 的运动效果、视频过渡、视频效果、字幕和音频处理等功能,设计制作"我们都是追梦人"MV,效果如图 9-14 所示。

图 9-14 案例效果

> **案例解析**

在本任务中,需要完成以下操作:

● 新建项目设置相关参数,导入素材,新建序列;

● 添加、设置视频、音频和文字素材,制作同期声效果;

● 添加设置片头文字属性,使用"交叉溶解"过渡效果、"湍流置换"视频特效设计制作 MV 片头字幕;

● 根据歌曲来添加标记,设置各字幕的入点和出点,并利用"渐变擦除"视频效果制作染色字幕效果,从而完成本案例的制作。

> **案例实施**

① 启动 Premiere,打开"主页"界面,单击"新建项目"按钮,进入"导入"模式界面,在"项目名"文本框中输入"案例 20 我们都是追梦人",在"项目位置"选择项目保存的位置,单击"创建"按钮,进入"编辑"模式界面。

② 选择菜单"编辑"→"首选项"→"时间轴"命令,在弹出的"首选项"对话框中设置"视

频切换默认持续时间"为 25 帧,设置"静止图像默认持续时间"为 3 秒,然后单击"确定"按钮。

③ 双击"项目"面板的空白处,打开"导入"对话框,分别将"视频""音频""图片"文件夹导入到"项目"面板中。

④ 将"视频"素材箱前的小三角展开,拖曳"1.mp4"到"项目"底部的"新建项"按钮上,可在"项目"面板中新建 1 个序列,在序列名称处双击,出现反白框,输入"合成",将序列改名为"合成"。

⑤ 将"视频"素材箱中的"2.mp4"拖曳到"V1"轨道中"1.mp4"出点处,删除"A1"轨道中的音频,更改"持续时间"为 7 秒。

⑥ 将"音频"素材箱前的小三角展开,拖动"jianghua.mp3"到"A1"轨道中,将其选中,在"效果控件"面板中设置"音量"项"级别"为 10dB。

⑦ 拖动"我们都是追梦人.mp3"到"A2"轨道中,播放预听歌曲,在"00:00:01:07"和"00:02:55:20"处使用"剃刀工具"裁剪,删除前一段和后一段的音频,将中间的音频拖曳到"00:00:00:00"秒处,按快捷键 Ctrl+Shift+D 添加"恒定功率"音频过渡,"合成"序列如图 9-15 所示。

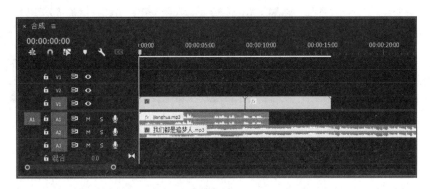

图 9-15　添加视音频素材后的"合成"序列

⑧ 使用"文字工具"在"节目"监视器中输入"一个流动的中国",选择文字,将其持续时间设为 2 秒,设置源文本字体为"字魂 71 号 – 御守锦书",字体大小为"100",将"颜色"设为白色,勾选"描边"复选框,设置颜色为黑色,描边宽度为"1",勾选"阴影"复选框,如图 9-16 所示。单击"缩放"前面的"切换动画"按钮,在"00:00:00:00"处设置"缩放"为"100","不透明度"为"0.0%",在"00:00:01:24"处设置为"缩放"为"120.0","不透明度"为"100.0%"。

⑨ 复制"一个流动的中国",将时间指针定位到"00:00:02:17",按快捷键 Ctrl+V 粘贴,使用"文字工具"将文字改为"充满了繁荣发展的活力",用同样的方法输入设置"我们都在努力奔跑"文字,"合成"序列如图 9-17 所示。

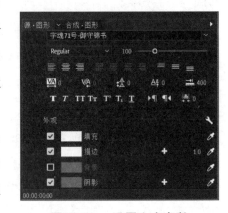

图 9-16　设置文字参数

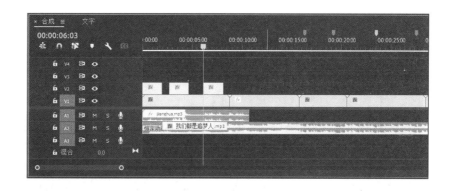

图 9-17　设置文字后的"合成"序列

⑩ 将时间指针定位到"00:00:08:03"处,将"图片"素材箱中的"我们都是追梦人.psd"素材拖曳到"V2"轨道中,更改持续时间为 7 秒,右击该素材,在弹出的快捷菜单中选择"嵌套"命令,在弹出的"嵌套序列名称"对话框中输入"文字",在"项目"面板上新建"文字"序列,"项目"面板如图 9-18 所示。

⑪ 双击"文字"序列,切换到"文字"序列,选中"我们都是追梦人.psd"素材,按快捷键 Ctrl+D 添加"交叉溶解"过渡效果,在"效果控件"面板上,设置"位置"为"960.0,380.0",单击"缩放"前的"切换动画"按钮,在"00:00:00:00"处设置为"0.0",在"00:00:00:24"处设置为"120.0"。

⑫ 为"我们都是追梦人.psd"素材添加"扭曲"组中的"湍流置换"视频特效,在"00:00:00:00"和"00:00:06:24"处设置"数量"为"1365.0","大小"为"24.0","偏移"为"498.0,168.0","复杂度"为"5.0","演化"为"90.0°",在"00:00:01:24"和"00:00:05:00"处设置"数量"为"0.0","大小"为"2.0","演化"为"0.0°",设置如图 9-19 所示。

图 9-18　新建"文字"序列后的"项目"面板

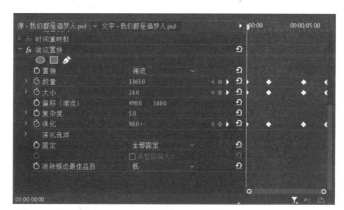

图 9-19　设置"湍流置换"参数

⑬ 将时间指针定位到"00:00:02:00"处,使用"文字工具"在"节目"监视器中输入"填词:王平久　谱曲:常石磊　编曲:柒玖、于昊",将其持续时间设为 5 秒,选择文字,为其添加"内滑"过渡效果,在"效果控件"面板上设置"从南向北",设置源文本字体为"字魂59号-创粗黑",字体大小为"85",行距调整为"6",将"颜色"设为"R:229;G:211;B:3",勾选"描边"复选框,设置颜色为黑色,描边宽度为"1",勾选"阴影"复选框,如图 9-20 所示,文字效果如图 9-21 所示。

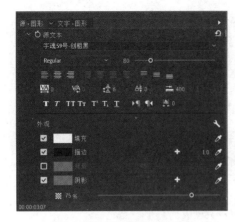

图 9-20　设置文字参数　　　　　图 9-21　设置文字效果

⑭ 为"填词：王平久　谱曲：常石磊　编曲：柒玖、于昊"文字添加"扭曲"组中的"湍流置换"视频特效，在"00:00:05:00"处设置"数量"为"0.0"，"大小"为"2.0"，"偏移"为"498.0，168.0"，"复杂度"为"5.0"，"演化"为"0.0°"，在"00:00:06:24"处设置"数量"为"1365.0"，"大小"为"24.0"，"演化"为"90.0°"。

⑮ 在"项目"面板上选中视频素材箱中的"3.mp4"，按住 Shift 选择"14.mp4"，将"3.mp4"~"14.mp4"拖曳到"V1"轨道中"2.mp4"素材的出点处，删除音频部分，"合成"序列如图 9-22 所示。

⑯ 仔细听歌曲，根据歌词，在时间轴上单击"添加标记"按钮 ▇ 添加标记，如图 9-23 所示。

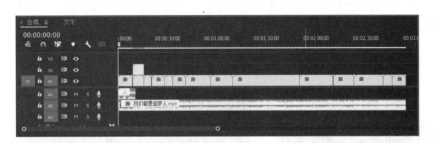

图 9-22　添加视频素材后的"合成"序列

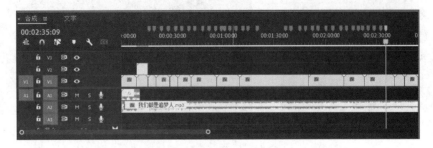

图 9-23　添加标记后的"合成"序列

⑰ 打开素材文件夹中的"我们都是追梦人 .docx"文件，复制第一句歌词"每个身影"，将时间指针定位到第一标记处，使用"文字工具"在"节目"监视器中粘贴文字，使用"选择工具"在出点处向后拖曳和第二个标记对齐，在"效果控件"面板上设置源文本字体为"字魂 105 号－简雅黑"，字号为"85"，将"颜色"设为"R:229;G:211;B:3"，勾选"描边"，设置颜色为黑色，描边宽度为"1"，

勾选"阴影",设置如图 9-24 所示。

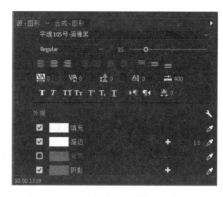

⑱ 右击时间标尺,选择"转到下一个标记",按快捷键 Ctrl+C 复制"V2"轨道上的"每个身影"图形,按快捷键 Ctrl+V 进行粘贴,使用"文字工具"将复制的图形文字改为第二句歌词"同阳光奔跑",根据以上的操作制作其他歌词,"合成"序列如图 9-25 所示。

⑲ 选中"每个身影"图形,按住 Alt 键向上拖曳到"V3"轨道中,选中"V3"轨道中的图形,在"效果控件"面板上,将"颜色"设为白色,根据以上的操作制作其他歌词,"合成"序列如图 9-26 所示。

图 9-24　"每个身影"图形设置

⑳ 为"V3"轨道中的图形添加"过渡"组的"线性擦除"视频效果,在"效果控件"面板上,设置入点处"线性擦除"的"过渡完成"为"11.0%",设置出点处"过渡完成"为"34.0%",制作染色字幕效果,效果如图 9-27 所示。

㉑ 在"效果控件"面板中复制设置好的"线性擦除",粘贴到"V3"轨道中的歌词图形上,根据音乐来设置"过渡完成",完成染色字幕制作。使用这种制作方法来完成其他染色字幕的制

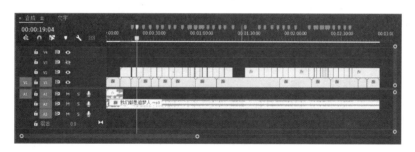

图 9-25　添加"字幕"后的"合成"序列

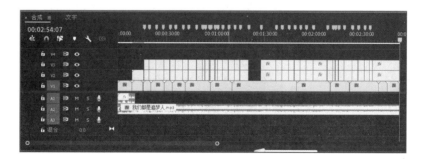

图 9-26　添加文字后的"合成"序列

图 9-27　染色字幕效果

作,最终效果如图 9-14 所示。

㉒ 选择菜单"项目"→"项目管理"命令打包素材,打开"项目管理"对话框,指定"项目路径",单击"确定"按钮即可对所使用的素材进行打包处理,根据实际需要输出视频。

案例 21

致敬劳动者——手机视频彩铃制作

➤ **案例描述**

本案例通过综合应用 Premiere 的运动效果、视频转场、视频特效、字幕和音频处理等功能,设计制作"致敬劳动者"手机视频彩铃制作,效果如图 9-28 所示。

图 9-28 案例效果

➤ **案例解析**

在本任务中,需要完成以下操作:

● 设置相关参数,导入素材,使用"拆分"视频过渡,利用"亮度""轨道遮罩键",设置图层"混合模式",处理、创建素材,设计制作字幕来完成片头效果;

● 制作"调整图层"素材,嵌套序列,使用"裁剪""快速模糊"视频效果,利用"急摇""推""交叉缩放""翻页""立方体旋转""中心拆分""带状内滑"等视频过渡效果制作片中效果；

- 添加设置文字，制作片尾效果，从而完成本案例的制作。

> 案例实施

①启动 Premiere，打开"主页"界面，单击"新建项目"按钮，进入"导入"模式界面，在"项目名"文本框中输入"案例 21 致敬劳动者"，在"项目位置"选择项目保存的位置。单击"创建"按钮，进入"编辑"模式界面。

②单击"项目"面板上的"新建项"按钮 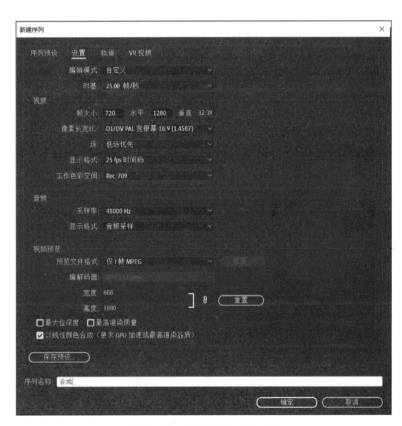，在弹出的快捷菜单中选择"序列"选项，弹出"新建序列"对话框，选择"设置"选项，"编辑模式"设为"自定义"，选择"时基"为"25.00 帧／秒"，设置"帧大小"的"水平"为"720"，"垂直"为"1280"，"序列名称"为"合成"，如图 9-29 所示，单击"确定"按钮，进入"编辑"模式界面。

图 9-29　新建"合成"序列

③选择菜单"编辑"→"首选项"→"时间轴"命令，在弹出的"首选项"对话框中设置"视频过渡默认持续时间"为 25 帧，设置"静止图像默认持续时间"为 3 秒，然后单击"确定"按钮。

④双击"项目"面板的空白处，打开"导入"对话框，分别将"视频""音频""图片"文件夹导入到"项目"面板中。将视频素材夹中的"1.mp4"拖曳到"V1"轨道中，使用"剃刀工具"将其在"00：00：08：00"处剪切"V1"和"A1"轨道中的音频，删除"A1"轨道中后面的音频，右击后面一段的视频，选择"重命名"，在弹出的重命名剪辑对话框中输入剪辑名称为"beijing"，复制

"beijing",将时间指针分别定位到 15 秒、22 秒、29 秒、36 秒、43 秒进行粘贴,将最后一段素材的持续时间改为 6 秒,"合成"如图 9-30 所示。

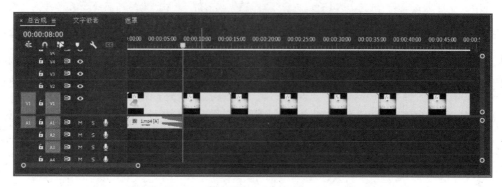

图 9-30　添加设置视频素材后的"合成"序列

⑤ 将"视频"素材箱中的"光效 .mov"拖曳到"V2"轨道中,删除音频部分。在"效果控件"面板中将"光效 .mov"的"混合模式"设为"滤色"。将"视频"素材箱中的"飞星 .mp4"拖曳到"V3"轨道中,为其添加"亮度键"视频效果。

⑥ 将时间指针移动到"00:00:03:10"处,使用"文字工具"在"节目"监视器中输入"致",设置如图 9-31 所示,选中"致"文字层,依次输入"敬""劳""动""者","弘扬劳模精神　争做时代先锋",设置字体,效果如图 9-32 所示。

图 9-31　文本"致"字的设置　　图 9-32　文字排列效果

⑦ 右击文字层,在快捷菜单中选择"嵌套",在弹出的对话框中输入序列名称为"文字嵌套",双击"文字嵌套"序列,切换到"文字嵌套"序列中,将"文字图形"拖曳到"V2"轨道中,持续时间改为 5 秒。

⑧ 将"视频"素材箱中的"文字遮罩 .mp4"拖曳到"V1"轨道中,为其添加"轨道遮罩键",在"效果控件"面板中把"轨道遮罩键"的"轨道"设置为"视频 2"。

⑨ 选择"编辑"→"首选项"→"媒体"命令,设置"默认媒体缩放"为"设置帧大小",把图片素材箱中的图片的大小统一。

⑩ 切换到"合成"序列,为"文字嵌套"添加"内滑"组的"拆分"视频过渡。单击"V1"和

"V2"轨道前的"切换轨道锁定"按钮 ，将"V1"和"V2"轨道锁定，将时间指针定位到"00：00：08：00"处，选中"图片"素材箱中的"1.jpg"，按住 Shift 键选择"20.jpg"，单击"项目"面板上的"自动匹配序列"按钮 ，在弹出的"序列自动化"对话框中，设置"剪辑重叠"为 25 帧，如图 9-33 所示，单击"确定"按钮，"总合成"序列如图 9-34 所示。

图 9-33　"序列自动化"对话框

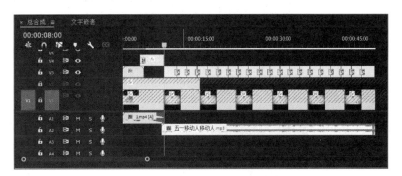

图 9-34　"序列自动化"后的"总合成"序列

⑪ 选中"V3"轨道中的"1.jpg"～"20.jpg"，按住 Alt 键向上拖曳到"V4"轨道中进行复制。

⑫ 单击"项目"面板底部的"新建项"按钮 ，选择"调整图层"，新建"调整图层"素材，将其拖曳到"V5"轨道中"00：00：08：00"处，将其持续时间改为 41 秒，"总合成"序列如图 9-35 所示，为其添加"裁剪"视频效果，设置如图 9-36 所示。

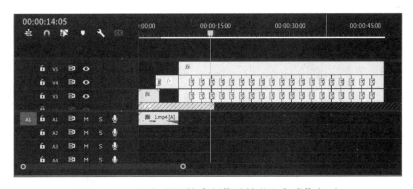

图 9-35　添加"调整素材"后的"总合成"序列

⑬ 选中"V3"轨道中的"1.jpg"～"20.jpg"，右击，在弹出的快捷菜单中选择"嵌套"命令，嵌套序列名称为"模糊嵌套"，单击"确定"按钮。选中"模糊嵌套"序列，在"效果控件"面板上设置"缩放"为"200.0"，"不透明度"为"85.0%"，为其添加"快速模糊"视频效果，设置"模糊度"为"30.0"。

⑭ 选中"V4"轨道中的"1.jpg"～"20.jpg"和"V5"轨道中的"调整图层"，右击，在弹出的快捷菜单中选择"嵌套"命令，嵌套序列名称为"裁剪嵌套"，"总合成"序列如图 9-37 所示。

⑮ 将音频素材箱中"music.mp3"拖曳到"A2"轨道中"00：00：07：12"处，选中"music.

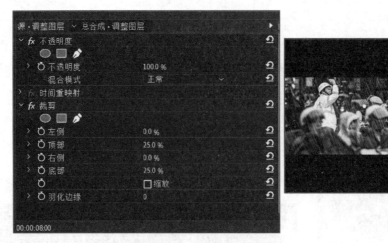

图 9-36　设置"裁剪"效果

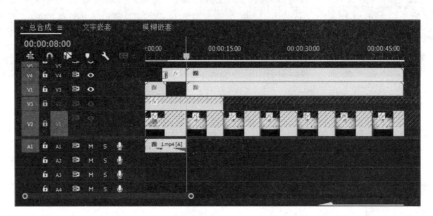

图 9-37　设置嵌套后的"总合成"序列

mp3",按快捷键 Ctrl+Shift+D 添加"恒定功率"音频过渡。

⑯ 将时间指针移动到"00:00:08:00"处,使用"文字工具"在"节目"监视器中依次输入"一份热忱",设置如图9-38 所示。输入"一份担当""一份辛苦""一份执着""一份钻研""一份努力""一份团结""一份协作""一份支持""一份期待""一份平凡""一份勇敢""一份耕耘""一份收获",将"一份收获"文字持续时间改为 2 秒 8 帧,"总合成"序列如图 9-39 所示。

⑰ 为文字图形入点处添加"急摇""推""交叉缩放""翻页""立方体旋转""中心拆分""带状内滑""交叉缩放""内滑""推"等视频过渡效果,制作文字的过渡效果。

⑱ 单击"V1"轨道前的"切换轨道锁定"▇按钮,将时间指针定位到"00:00:49:00"处,将视频素材箱中的"背景.mp4"拖曳到"V1"轨道中,在"效果控件"面板设置"缩放"为"178.0",

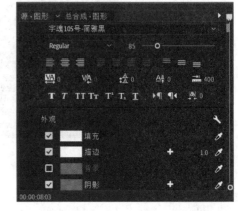

图 9-38　"一份热忱"文字设置

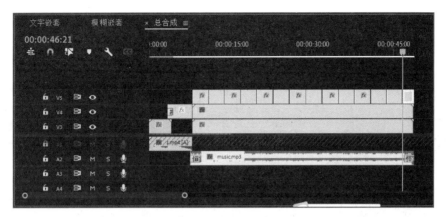

图 9-39　设置添加文字后的"总合成"序列

将"音频素材箱"中的"pwmusic.mp3"拖曳到"A2"轨道中,用"剃刀工具"在"00:01:06:20"处剪切,删除后面的部分,"总合成"序列如图 9-40 所示。

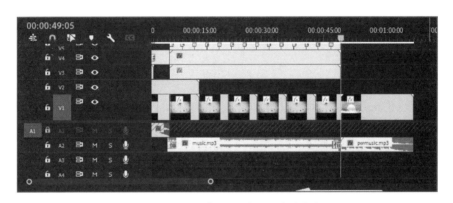

图 9-40　添加素材后的"总合成"序列

⑲ 确认时间指针移在"00:00:49:00"处,使用"文字工具"在"节目"监视器中一次输入"中国梦 劳动美",设置如图 9-41 所示,使用"椭圆工具"绘制文字中间的圆点,更改持续时间为17 秒 18 帧,输入"劳模精神 劳动精神 工匠精神",效果如图 9-42 所示。

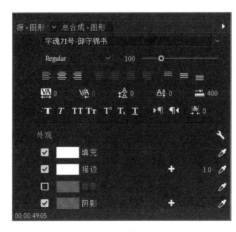

图 9-41　"中国梦 劳动美"文字设置　　　图 9-42　文字效果

⑳ 参考步骤⑦和⑧制作遮罩文字效果，将"V2"和"V3"轨道中的文字制作遮罩文字效果，"总合成"序列如图 9-43 所示，最终效果如图 9-28 所示。

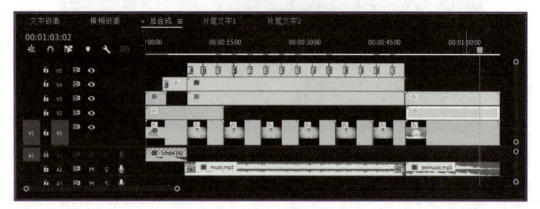

图 9-43　最终"总合成"序列

1. 搜集你所在学校相关素材，制作视频宣传片头。

2. 上网搜集你所喜欢的歌曲素材，综合运用所学的知识，设计制作一个 MV。

3. 搜集素材制作卡点快闪短视频。

读者意见反馈

为收集对教材的意见建议,进一步完善教材编写并做好服务工作,读者可将对本教材的意见建议通过如下渠道反馈至我社。

咨询电话　400-810-0598

反馈邮箱　zz_dzyj@pub.hep.cn

通信地址　北京市朝阳区惠新东街4号富盛大厦1座　高等教育出版社总编辑办公室

邮政编码　100029

防伪查询说明

用户购书后刮开封底防伪涂层,使用手机微信等软件扫描二维码,会跳转至防伪查询网页,获得所购图书详细信息。

防伪客服电话　(010)58582300

学习卡账号使用说明

一、注册/登录

访问 http://abook.hep.com.cn,点击"注册",在注册页面输入用户名、密码及常用的邮箱进行注册。已注册的用户直接输入用户名和密码登录即可进入"我的课程"页面。

二、课程绑定

点击"我的课程"页面右上方"绑定课程",在"明码"框中正确输入教材封底防伪标签上的20位数字,点击"确定"完成课程绑定。

三、访问课程

在"正在学习"列表中选择已绑定的课程,点击"进入课程"即可浏览或下载与本书配套的课程资源。刚绑定的课程请在"申请学习"列表中选择相应课程并点击"进入课程"。

如有账号问题,请发邮件至:4a_admin_zz@pub.hep.cn。